Kishwar Ali

Alterações espácio-temporais na composição florística do distrito de Swat

CAPÍTULO 1
INTRODUÇÃO

1.1: O problema

A perda de vegetação está a afetar gravemente a disponibilidade de recursos vegetais importantes (Ali et al., 2013; Shinwari, 2010; Shinwari et. al, 2003), afectando assim não só o equilíbrio ecológico natural no remoto vale do Swat, no Paquistão, mas também os meios de subsistência das comunidades locais, ao afetar negativamente o mercado tradicional de plantas medicinais e aromáticas (PAM) e a etnocultura associada (Ali, et al. 2014; Ali, et al. 2013; Shinwari, 2010).

1.2: Área de estudo

O vale do Swat, conhecido como a Suíça do Leste, está situado na província paquistanesa de Khyber Pukhtun Khwa (KPK) (antiga Fronteira Noroeste) e pode ser localizado no globo terrestre entre 34° 34' e 35° 55' N e 72° 08' e 72° 50' E (Shinwari et al., 2003b). O Swat faz fronteira com Chitral e Ghizer a norte, com Indus Kohistan e Shangla a leste, com Bunir e a Agência Malakand da FATA a sul e com o distrito de Dir a oeste (Anon, 1998). O Swat permaneceu como Estado independente durante algum tempo, mas foi mais tarde absorvido pelo Paquistão em 1969. A área total é de 5337 quilómetros quadrados, desde a aldeia de Landaakay, a sul, até ao vale de Gabral, a norte (Shinwari et al., 2003b). No centro do vale encontra-se o rio principal, o rio Swat ("d' Swat Sind" na língua pachto). O Swat é o local de férias mais pitoresco de todo o Paquistão e as pessoas vêm aqui durante todo o ano para as diferentes atracções: no verão, para escapar ao calor escaldante do centro e do sul do Paquistão, e no inverno para desfrutar da única estância de esqui do Paquistão. O Swat costumava receber turistas estrangeiros na última década, mas devido à negligência do governo em relação ao desenvolvimento da indústria do ecoturismo e a outros acontecimentos infelizes na região, é agora considerado inseguro para os estrangeiros.

História: A história do estado de Swat

Segundo Lindholm (1979), a formação do Estado de Swat resultou da intervenção direta dos britânicos na região. Os britânicos intervieram diretamente no Swat pela primeira vez durante a campanha de Ambela de 1863, que terminou com a vitória dos exércitos swati, liderados pelo grande pir sufi Akhund Abdul Ghafur, conhecido por Saidu Baba (Mishra 1972; Lindholm, 1979). Na sequência deste conflito, os Khans (chefes tribais) locais, receosos de um novo ataque britânico, pediram a Saidu Baba que se tornasse o governante de Swat, mas este, consciente do seu papel eclesiástico, recusou. Elaborou uma estratégia diferente e acumulou grandes extensões de terra e, tendo adquirido numerosos dependentes e seguidores, tornou-se o mais poderoso em termos de recursos em todo o Baixo Swat. Com o passar do tempo, no espaço de duas gerações, a família Saidu Baba secularizou-se e começou a participar ativamente na política. A sua posição de outsiders no sistema segmentário, combinada com uma história carismática e uma base permanente, deu aos descendentes de Saidu Baba uma grande vantagem no jogo político (Lindholm, 1979).

Em 1895, os britânicos ocuparam a região adjacente de Malakand, a sul de Swat, e conseguiram resistir ao ataque dos Pashtun em 1897. A ajuda britânica permitiu ao novo rei construir estradas, controlar o armamento, etc., e assim surgiu um novo Estado de Swat, mais forte, que acabou por se fundir com o Paquistão em 28 de julho de 1969 (Lindholm, 1979; Sultan-I-Rome, 1999)

Etnologia e estrutura social da zona

A maioria da população do Swat propriamente dito pertence ao ramo Akhozai dos afegãos Yusufzai (Pukhtuns/Pashtuns) (Sultan-i-Rome, 2005). Os arredores de Swat, ou seja, Buner, Ghwarband, Kanra, Puran e Chakesar, faziam também parte do Estado de Swat e a sua população é também maioritariamente da tribo Yusufzai (Sultan-i-Rome, 2005). O Swat Kohistan é habitado principalmente por Gawris, a norte, e Torwalis, a sul. Todos estes grupos, que habitam o Swat e o Kohistan do Indo, foram designados por Dardic, ou seja, antigos povos de língua indo-ariana (Sultan-i-Rome, 2005).

Descrição topográfica da zona de estudo

O distrito de Swat pode ser vagamente classificado em duas regiões topográficas, ou seja, a bacia do vale, a região da planície e a região montanhosa. Embora não exista uma área plana efectiva no vale, as terras baixas do vale são consideradas um terreno baixo uniforme. A área da planície é muito pequena e a largura média aproximada do vale é de 6 km, enquanto o

Imprint

Any brand names and product names mentioned in this book are subject to trademark, brand or patent protection and are trademarks or registered trademarks of their respective holders. The use of brand names, product names, common names, trade names, product descriptions etc. even without a particular marking in this work is in no way to be construed to mean that such names may be regarded as unrestricted in respect of trademark and brand protection legislation and could thus be used by anyone.

Cover image: www.ingimage.com

This book is a translation from the original published under ISBN 978-3-330-35316-9.

Publisher:
Sciencia Scripts
is a trademark of
Dodo Books Indian Ocean Ltd. and OmniScriptum S.R.L publishing group

120 High Road, East Finchley, London, N2 9ED, United Kingdom
Str. Armeneasca 28/1, office 1, Chisinau MD-2012, Republic of Moldova, Europe
Printed at: see last page
ISBN: 978-620-7-70012-7

Kishwar Ali

Alterações espácio-temporais na composição florística do distrito de Swat

A Suíça do Oriente (o vale do Swat) está a ser ameaçada pelo antropocentrismo! O grito de hoje...

comprimento total do vale, de Landakay a Gabral, é de 145 km (Shinwari et al., 2003b). A zona da planície pode ainda ser subdividida em Swat inferior (kuz) e Swat superior (bar). A parte aberta mais larga do vale situa-se entre Barikot e Khwazakheila. Algumas destas montanhas têm os seus cumes cobertos de neve durante todo o ano. Estas montanhas constituem uma barreira natural à monção e contribuem para a precipitação no vale. Há uma série de montanhas altas, tais como Falkser 5917m, Chokial 6174m e Mankial 5589m. Desde tempos imemoriais que as pessoas viajam através destas montanhas escarpadas, que testemunharam civilizações primitivas.

Climatologia e fitogeografia

O clima do vale não é muito rigoroso, mas existe uma variação considerável na temperatura média das partes inferior e superior do vale. O mês mais quente é normalmente junho e a temperatura máxima atinge 33 C$^\circ$, enquanto a mínima é de 16 C$^\circ$ (Shinwari et al., 2003b). janeiro é o mês mais frio e as temperaturas médias máxima e mínima são de 11C$^\circ$ e 2C$^\circ$, respetivamente (Tabela 1.1).

Fitogeograficamente, a maior parte da área pertence à região sino-japonesa (Ali e Qaiser, 1986), onde as chuvas de monção ocorrem sobretudo no verão. O clima favorece a cultura de duas culturas nas zonas baixas, ao passo que apenas uma cultura é cultivada nas zonas altas e montanhosas (Ahmad e Ahmad, 2004).

Tabela 0.1 Temperaturas médias mensais de 30 anos, precipitação e humidade relativa registadas na estação Dir (Fonte: adotado de Shinwari et al., 2003b).

No.	Month	Maximum mean Temp.(C°)	Minimum mean Temp.(C°)	Precipitation (mm)	Relative Humidity (%)
1	January	11.22	-2.39	111.37	69.69
2	February	12.07	-1.28	172.56	69.20
3	March	16.23	3.09	242.22	60.37
4	April	22.41	7.67	167.86	57.36
5	May	27.59	11.56	88.05	47.87
6	June	32.52	15.67	51.26	41.71
7	July	31.38	19.29	145.75	60.31
8	August	30.24	18.54	159.79	69.17
9	September	29.04	13.60	81.84	64.14
10	October	25.05	7.62	53.73	59.50
11	November	19.94	2.55	50.70	59.46
12	December	13.83	-0.86	90.75	67.43
Annual Mean		22.63	7.90	141.87	65.89

Hidrologia e irrigação do vale do Swat

O Swat possui uma imensa rede de canais naturais de água que fluem dos glaciares e da água absorvida pelas crostas das montanhas. Todos estes canais drenam para um grande rio central, o rio Swat (d' Swat Sind [Pashto] ou Daryaye Swat [Urdu]). O rio atual nasce nos glaciares altos a norte de Kalam, Matilthan, Ushu e nas fronteiras de Chitral (Sher, 2002). Devido à drástica variação altitudinal numa curta distância, ganha muito ímpeto e velocidade. A quantidade de água aumenta com a adição de mais riachos (Khwarr, Pashto) ao longo do curso para sul em diferentes pontos, por exemplo, Mankial, Bahrain, Madayan, Khwazakhela, Matta Aronai, Manglawar, Mingora, Dewlai, Shamozai e Barikot.

O rio Swat principal e os riachos que se lhe juntam têm um grande impacto no sistema de irrigação do vale (ver Quadro 1.2).

Quadro 1.2. Zonas agro-ecológicas da bacia hidrográfica do rio Swat (fonte: adotado de Ahmad e Ahmad, 2004)

Zone	Altitude (m)	Land use Pattern	Areas included	Indicator species
Sub humid Tropical	600--800	Double cropping and tropical	River adjoin areas of Adezai and Ranezai	Phoenix sylvestris Nannorrhops ritchiana
Subtropical	600--1000	Double cropping some tropical and temperate fruits	Most of the plains of Shmozai, Abazai and the adjoin areas	Reptonia buxifolia, Acacia modesta and Olea ferruginea
Humid Temperate	1000--1500	Double cropping, temperate fruits and vegetables	Plains and foot hills of Matta, Khwazakhela and Charbagh tehsils	Pinus roxburghii, Quercus baloot and Q. incana
Cool Temperate	1500--2000	Double cropping Maize-wheat and temperate pomes	Miandam, Malam Jaba, Sangar, Shawar, Sakhra and Dabargai	Pinus wallichiana and Quercus dilatata
Cold Temperate	2000--2500	Monocropping of potato and maize	Mianbanr, Sulatanr and Mankial Jaba	Abies pindrow and Picea smithiana

Subalpine	2500--3500	No agriculture, livestock grazing and forest products	Qadar, Spin Sar, Sham Sar, Daral, Chroona and Thres banda	Betula utilis and Q. semecarpifolia
Alpine	3500--4500	Grazing pastures in summer and medicinal plant collection	Chukail, Desan, Zahar Banda, Shamkor, Ramoos and Sedgai	Juniperous communis and Aconitum violaceum
Cold Deserts	4500--6000	Sources of perennial flow of the Swat river	Falakser, Kohe Shaheen, and Mingo Pass	Snow leopard, no apparent vegetation

Algumas ONG tomaram a iniciativa e construíram pequenos canais de irrigação em algumas partes do vale, mas estes são muito inferiores ao necessário para satisfazer as necessidades de todo o vale. Alguns projectos comunitários locais também foram bem sucedidos na captação de água do rio para fins de irrigação e consumo. A água potável em geral é escassa no vale e normalmente são instalados poços tubulares para satisfazer a procura.

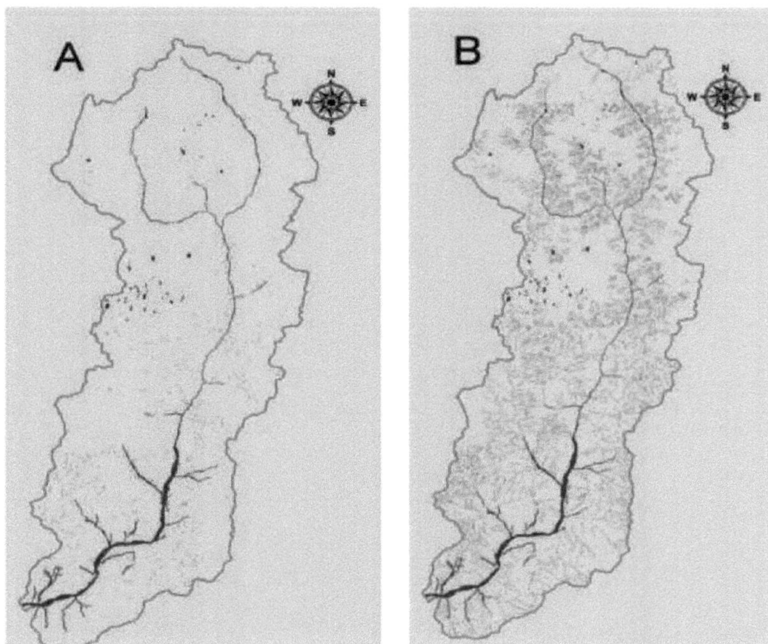

Mapa 0.1. A. Mapa do rio Swat, desenvolvido para este projeto; B. Mapa do rio Swat e da rede de pequenos cursos de água, desenvolvido para este projeto utilizando o Arcinfo.

Economia e agricultura

O Swat sempre foi uma região economicamente ativa do país até muito recentemente. Era a segunda região mais ativa do ponto de vista económico, a seguir a Peshawar, na província de KPK. Teve uma indústria turística florescente até 2007 e possui uma grande quantidade de recursos minerais.

Tabela 1.3. Estatísticas de Utilização de Terras do Distrito de Swat, 2007/2008 (Fonte: GOP, 2008; Diretor de Estatísticas Agrícolas, NWFP, e Peshawar).

Area Distinction	Area (in Acres)	Area (in Hectares)
Reported Area	1,251,653	506,528
Cultivated Area	242,296	98,054
Irrigated Area	227,336	92,000
Net Sown Area	232,046	93,906
Current Fallow Area	10,250	4,148
Total Cropped Area	467,153	189,051
Area Sown Repeatedly	160,976	65,145
Un-cultivated	1,009,357	408,474
Cultivable Waste	208,862	84,524
Forest Area	337,804	136,705
Unavailable for Cultivation	462,690	187,245

A agricultura é a principal profissão da população e 99% dos residentes estão ligados a ela (Balala, 2000). As práticas agrícolas estão atualmente a evoluir das ferramentas manuais primitivas para a maquinaria, mas ainda se está longe de uma agricultura totalmente mecanizada. A utilização de maquinaria não é viável porque algumas pessoas não têm meios para a comprar e também porque a maior parte da terra é montanhosa, o que torna a acessibilidade de maquinaria pesada um problema. Normalmente, o solo está sujeito a um cultivo contínuo e é privado de descanso anual (Shinwari et al., 2003b). Normalmente, são efectuadas duas culturas na maior parte da área, mas em algumas zonas de altitude elevada a prática da monocultura é a única forma natural (Ahmad e Ahmad, 2004) (ver quadro 1.3). Embora o Swat seja uma região agrícola, a produção total por acre é muito baixa e, por conseguinte, alguns membros das famílias do Alto Swat migram para as grandes cidades para obterem um apoio familiar suplementar.

Culturas comuns e pomares

Na maior parte do Swat, é comum a prática de duas colheitas, ou seja, uma colheita na primavera e outra no outono. As culturas mais comuns são o trigo, a cevada, o arroz, as leguminosas e os produtos hortícolas. O trigo é o alimento de base mais utilizado pela população e constitui uma necessidade comum de todos os agregados familiares da região. A região tem também uma variedade única de arroz cultivado chamado Begamai ou Botey Wreje (Wreje = arroz) que, em algumas zonas, é uma parte essencial das refeições diárias. Este arroz é cultivado nas terras baixas do vale em zonas como Barikot, Shamozo, Parrai, etc. O milho é outra cultura comum, mas normalmente não é cultivado numa escala comercial mais alargada.

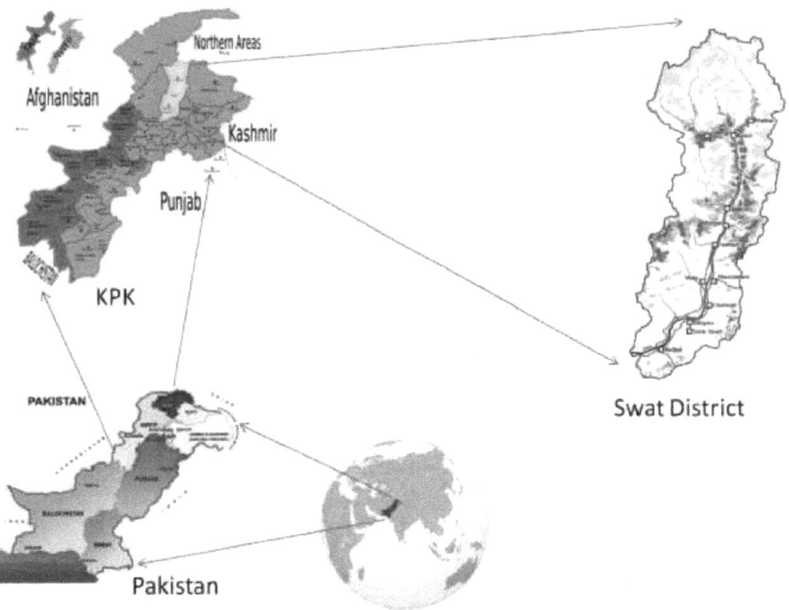

Mapa 0.2. O mapa da zona de estudo.

Figura 0.1. A. O autor e o seu colega de equipa no vale de Lalkoh; B. O autor e o seu colega de equipa a entrevistar um habitante local; C. O autor na zona temperada fria do vale do Swat; D. A equipa de caminhada a observar as plantas recolhidas por um habitante local.

Tabela 0.4. Área distrital, produção, rendimento por hectare, produção per capita e percentagem de frutos com a NWFP, 2007-08 (fonte: GOP, 2008).

District	Area	Production	Yield per/h	Production per capita	Dist: % share	Dist: % share of production
	000 Hectare	000 Tonnes	Kgs	Kgs	%	%
NWFP	38.93	424.18	10896	18	100.00	100.00
Abbottabad	0.69	5.55	8043	5	1.77	1.31
Bannu	1.88	25.38	13500	29	4.83	5.98

Battagram	0.28	2.38	8500	6	0.72	0.56
Buner	0.44	4.08	9273	6	1.13	0.96
Charsadda	1.65	17.59	10661	13	4.24	4.15
Chitral	0.56	3.81	6804	9	1.44	0.90
D.I.Khan	3.10	41.65	13435	36	7.96	9.82
Hangu	0.08	0.92	11500	2	0.21	0.22
Haripur	1.33	11.85	8910	14	3.42	2.79
Karak	-	0.000	-	-	-	-
Kohat	1.79	17.86	9978	23	4.60	4.21
Kohistan	0.11	0.48	4364	1	0.28	0.11
Lakki	1.95	27.12	13908	41	5.01	6.39
Lower Dir	0.99	8.87	8960	9	2.54	2.09
Malakand	1.27	11.35	8937	18	3.26	2.68
Mansehra	1.22	8.36	6852	6	3.13	1.97
Mardan	2.36	24.97	10581	13	6.06	5.89
Nowshera	1.79	25.26	14112	22	4.60	5.96
Peshawar	1.31	14.44	11023	5	3.37	3.40
Shangla	0.32	3.29	10281	6	0.82	0.78
Swabi	1.15	9.53	8287	7	2.95	2.25
Swat	13.12	143.32	10924	82	33.70	33.79
Tank	0.36	4.75	13194	15	0.92	1.12
Upper Dir	1.18	11.37	9636	15	3.03	2.68

Flora e fauna selvagens do Swat

O Swat tem uma imensa diversidade floral que tem sido apreciada em muitos estudos, embora haja ainda muito por descobrir e documentar (Ahmad e Ahmad, 2004). De acordo com Ahmad e Ahmad (2004), não existem dados de base sobre a diversidade faunística do distrito de Swat. Historicamente, o Vale permaneceu rico em recursos naturais, particularmente em vida selvagem e peixe (Khalil, 1986) (ver Quadro 1.5). A vida selvagem tem sido explorada, especialmente no último quartel do século XX. Foi registado que, no passado, existiam falcões em Swat, embora tal pareça impossível e estes estejam provavelmente completamente extintos na região. A existência de outras aves migratórias é também muito rara, uma vez que a caça descontrolada e a perda de habitat têm sido prejudiciais.

Quadro 0.5. Reservas de caça comunitárias do distrito de Swat (Fonte: GoP, 2008).

Locality	Area (hectares)	Date
Dad Manpithal	730.47	30/11/1998
Alam Ganj	1040	30/11/1998
Amluk Banrr	46.35	30/11/1998
Sigram	2654.7	23/01/1999
Deran Pattay	735.3	23/01/1999
Taang Banrr	395.4	23/01/1999
Total	5602.22	

Plantas medicinais e outras plantas de importância económica

O Paquistão é o 36.º maior país com uma área total de 796 095 km quadrados (CIA World Fact book, 2011), com uma variedade de terrenos devido às variações altitudinais de 0 m (partes meridionais) a 8000 m no norte. O relevo altitudinal dramático confere ao Paquistão uma importância extrema, tanto a nível estratégico como ecológico. Kala (2005) referiu que existem oito grandes hotspots de biodiversidade nos Himalaias e o Paquistão é um deles.

A biodiversidade do Paquistão está a desempenhar um papel importante no desenvolvimento económico do país, uma vez que 84% das pessoas na década de 1950 dependiam de plantas medicinais extraídas localmente (Hopking, 1958 In Shinwari, 2010). De acordo com Lange (1998), o Paquistão é um dos dez maiores exportadores de plantas medicinais. O Paquistão exporta plantas medicinais para

Europa, Extremo Oriente, Médio Oriente e EUA (Williams e Ahmad, 1999). No mercado local, existem mais de 300 espécies utilizadas pelos ervanários tradicionais e por empresas farmacêuticas de pequena e média dimensão (GOP, 2000). O Paquistão tem cerca de 50.000

praticantes registados de medicina tradicional (Shinwari et al., 2003b). A utilização destas plantas medicinais e aromáticas (PAM) destina-se principalmente a doenças humanas, mas também são amplamente utilizadas em práticas veterinárias na zona rural do Paquistão, que atualmente representa mais de 60% da população.

Quadro 0.6. As espécies de plantas ameaçadas da bacia hidrográfica do rio Swat (fonte: Ahmad e Ahmad, 2004).

S. No.	Species	Threat
1	*Acer cappadocicum*	Habitat loss
2	*Aconitum chasmanthum*	Over collection
3	*Aconitum heterophyllum*	Over collection
4	*Aconitum violaceum*	Over collection
5	*Acorus calamus*	Habitat loss
6	*Aesculus indica*	Lopping pressure
7	*Calotropis procera*	Habitat loss
8	*Caralluma tuberculata*	Over use
9	*Carex indica*	Habitat loss
10	*Cedrella serrata*	unknown
11	*Colchicum luteum*	Over collection
12	*Ilex spp*	Habitat loss
13	*Litsea monopetala*	Over collection
14	*Nannorrhops ritchiana*	Habitat loss
15	*Phoenix sylvestris*	Habitat loss
16	*Podophyllum emodi*	Over use

17	*Prunus cornuta*	Lopping pressure
18	*Quercus glauca*	Over use
19	*Reptonia buxifolia*	Over use
20	*Rheum emodi*	Over use
21	*Rhododendron arboreum*	Habitat loss
22	*Ulmus chumlia*	Habitat loss
23	*Ulmus wallichii*	Habitat loss

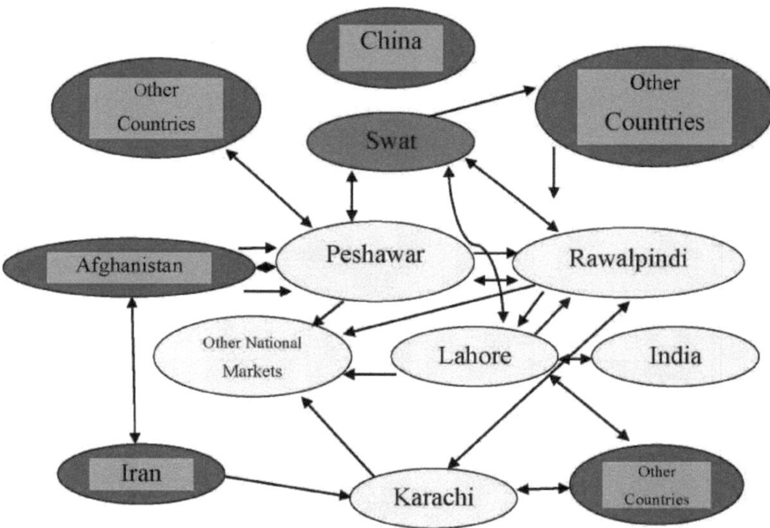

Figura 0.2. Cadeia de comercialização de plantas medicinais recolhidas em Swat, no Paquistão (adotado de Shinwari et al., 2003b).

Âmbito e perspectivas futuras das MAP

Calcula-se que existam 35 000 espécies de plantas utilizadas a nível mundial para fins medicinais, enquanto que, durante o ano de 1994-1996, foram comercializadas anualmente 40 000 toneladas de plantas medicinais provenientes de um total de 109 países, com um valor de 109 milhões de dólares americanos (Shinwari et al., 2003b). Durante este período, apenas no mercado dos Estados Unidos, o volume de negócios dos produtos farmacêuticos derivados de plantas foi de 10 mil milhões de dólares (IUCN-WWF). A procura de plantas medicinais excede sempre a oferta, uma vez que em 1994 a procura de material vegetal era de 1 600 000 toneladas.

O Paquistão tem um grande potencial no comércio de plantas medicinais a nível mundial (Quadro 1.7). O Paquistão é o hotspot global de biodiversidade dos Himalaias Hindu-Kush, que possui cerca de 25 000, ou 10% das espécies mundiais, das quais cerca de 10 000 ou 2/3 são úteis (Pei, 1992).

Este facto coloca o Swat numa posição muito importante: possui uma biodiversidade e recursos naturais dotados por Deus, com potencial para desempenhar o seu papel de produtor internacional da importante flora medicinal (quadros 1.6 e 1.7).

Existe um risco significativo de perda de habitats para estas plantas devido ao desaparecimento das florestas. Os ecossistemas florestais não só suportam a fauna, mas também toda a subflora e o solo. Uma vez destruído o dossel superior da floresta, haverá muito poucas hipóteses para a maioria das plantas que gostam de sombra existirem e, com a promoção da erosão acelerada do solo, os ribeiros ficarão cheios de lama, as barragens hidroeléctricas ficarão cheias e as nossas terras a jusante serão destruídas pelas cheias repentinas, como a que se verificou em 2010.

Quadro 0.7. Os 12 principais países exportadores de plantas medicinais (Shinwari et al., 2003b).

Country	Volume (tonnes)	Unit US$ 000 Average; 1992-1995
China	121,900	264,500
India	32,600	45,950
Germany	14,400	68,500
Singapore	13,200	54,000
Egypt	11,250	12,350
Chile	11,200	23,500

USA	10,150	35,700
Pakistan	8,500	6,000
Bulgaria	7,800	11,000
Morocco	6,850	12,850
Mexico	6,300	9,300
France	4,700	26,300

Estudos sobre as MAP no Swat

Há vários estudos na literatura que indicam que o Swat é rico em biodiversidade e tem um grande potencial para se tornar um interveniente ativo no comércio de MAP. Atualmente, o Swat desempenha um papel significativo no fornecimento de medicamentos em bruto, recolhidos de MAP selvagens. Quase todos defendem a opinião de que as MAP estão amplamente disseminadas em diferentes partes do Paquistão e estão sob pressão no Paquistão em geral e no Swat em particular, ver: Khan, (1991); Shinwari et al., (1998); Shinwari e Khan (2000); Sheikh et al., (2001); Wani et al., (2002); Shinwari e Gilani, (2003); Zaidi e Crow, (2003); Begum et al., (2005); Hamayun et al., (2006); Adnan et al, (2006); Sher et al., (2007); Khan et al., (2007a,b) ; Hussain et al., (2008); Sher e Hussain, (2009); Sher et al., (2010 a, b); Alam et al., (2011), Hazrat et al., (2011), Ali et al. (2013)e Alietal., (2014).

1.3: Estrutura da dissertação

A tese é constituída por cinco capítulos, a saber

O Capítulo 1 apresenta um historial detalhado da área de estudo, sublinhando a necessidade da investigação. Este capítulo também destaca os problemas do Paquistão em geral e do Swat em particular no que respeita à conservação e à sua importância.

O Capítulo 2 apresenta uma revisão pormenorizada da literatura sobre a aplicação dos SIG na cartografia da vegetação, conservação, modelação preditiva e alterações climáticas. As tendências globais na utilização da tecnologia SIG para a modelação preditiva e a avaliação dos cenários de alterações climáticas. Este capítulo também abrange a utilização atual e o âmbito destas tecnologias no Paquistão e no vale do Swat.

O Capítulo 3 trata dos dados e métodos de modelação das alterações climáticas das espécies arbóreas seleccionadas da área de estudo. Pela primeira vez nesta área, foram desenvolvidos modelos preditivos actuais e futuros da distribuição das espécies, utilizando algoritmos estatísticos e matemáticos do software de modelação Maxent e SIG. Os dados de zonação altitudinal do GDTM foram efectuados em SIG e a análise de hotspots para as espécies importantes.

O capítulo 4 apresenta os resultados dos métodos utilizados para a modelação preditiva, a cartografia altitudinal, os mapas de utilização dos solos e a dinâmica da vegetação e os mapas temáticos dos hotspots.

O capítulo 5 é o capítulo das conclusões e da discussão geral, que resume todos os objectivos alcançados em todos os capítulos. São apresentadas recomendações, enquanto a autocrítica e as limitações do projeto são também destacadas neste capítulo.

1.4: Finalidade e objectivos

Partiu-se da hipótese de que a vegetação do vale do Swat está sob pressão de vários factores, ou seja, um efeito antropogénico direto do crescimento da população e da urbanização, da desflorestação, etc., e um efeito indireto das alterações climáticas globais. Para testar esta hipótese, foram definidos os seguintes objectivos

> Extração de dados de alta qualidade obtidos por teledeteção a partir de fontes fiáveis e elaboração do primeiro mapa de utilização dos solos do distrito de Swat utilizando o ArcGIS

> Identificar as espécies de plantas medicinais importantes, efectuando a modelação preditiva do nicho das espécies utilizando software de modelação, por exemplo, MaxEnt (Phillips et al, 2006) e SIG.

> Análise da distribuição da vegetação (zonação altitudinal) e da dinâmica da área para

avaliar a taxa de mudança do ecossistema natural e social da área.

> Desenvolvimento de hotspots de vegetação das espécies importantes;

> E, finalmente, o desenvolvimento de uma base de dados SIG de uso geral do vale do Swat, que pode ser divulgada nas instituições académicas da zona para promover a sensibilização para as questões de conservação da biodiversidade da zona, o que pode ajudar ainda mais a conservar o conhecimento da etnobotânica da zona.

CAPÍTULO 2
REVISÃO DA LITERATURA

2.1: Introdução

A perda de biodiversidade e as alterações climáticas, em resultado das actividades antropogénicas, são grandes preocupações e frequentemente objeto de debates internacionais. A desflorestação está por vezes diretamente ligada às consequências que têm outros efeitos locais e regionais, como a erosão dos solos, as secas, as inundações, a deslocação de comunidades e a perda de habitats. Foram realizados muitos estudos (por exemplo, Kummer, 1991; Grainger, 1993; Utting, 1993; Rudel, 1993, Qasim et al., 2011), mas há sempre necessidade de mais estudos sobre a integração de explicações mecanicistas com padrões de diversidade em grande escala e a compreensão da interação entre a configuração da paisagem e a distribuição e diversidade das espécies (Holdgate, 1996). É necessário ligar estas bases de dados a um sistema centralizado, quer a nível de condado/região, quer a nível nacional, o que pode ter maior utilidade (Davis et al., 1990). Este sistema pode ser fornecido sob a forma de um Sistema de Informação Geográfica (SIG).

O que é o SIG?

O SIG é definido como um sistema de captura, ordenação, controlo, integração, manipulação, análise e visualização de dados referenciados espacialmente (Fig. 2.1) (Chorely, 1987). Os SIG possuem poderosas ferramentas de gestão da informação que permitem aos utilizadores interrogar dados relativos a mapas, procurar padrões e distribuições e investigar as ligações entre diferentes conjuntos de dados. Os SIG têm o potencial de fornecer acesso a informações baseadas em mapas em qualquer área de estudo, podem ajudar a estabelecer ligações com diferentes disciplinas das ciências, ou seja, ciências naturais e sociais, e podem melhorar a compreensão do público fornecendo mapas visuais interactivos sobre qualquer evento geo-referenciado numa zona geográfica específica, ou seja, a nível nacional, internacional ou global. O SIG funciona segundo o paradigma analítico e é uma excelente ferramenta científica, acrescentando a análise ao processo cartográfico (Tobler, 1959).

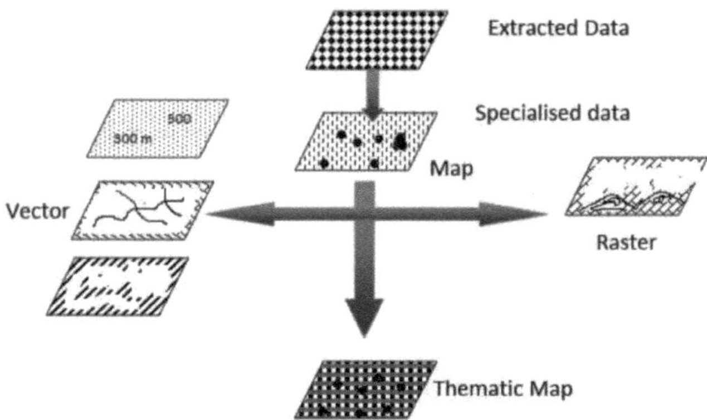

Fig 2.1. Diagrama esquemático para ilustrar o carácter estratificado de um SIG. Diferentes conjuntos de dados são combinados para dar uma única representação espacial dos dados.

SIG e deteção remota

O Sistema de Informação Geográfica (SIG) e a teledeteção tiveram um impacto substancial na investigação ecológica, fornecendo dados espaciais e informações associadas para permitir e aprofundar a compreensão dos sistemas ecológicos (Rundell et al., 2009). Nos últimos dez anos, aproximadamente, com o desenvolvimento de computadores de alta tecnologia, internet de alta velocidade (por exemplo, Web 2.0; redes de comunicação de alto desempenho; Brunt et al., 2007), tecnologia de deteção remota (por exemplo, fotodetectores infravermelhos de poços quânticos; Krabach, (2000), normas de dados e interoperabilidade e modelação espacialmente explícita, por exemplo, Osborne et al., (2007), revolucionaram a ecologia e deram origem ao que se designa por "ecologia de segunda geração". No início do século XXI, foram lançadas cerca de cem plataformas de geo-satélites, equipadas com sensores de observação, para além dos muitos sensores aéreos e terrestres instalados (Boyd, 2009). O acesso gratuito a dados ambientais e de SRS (deteção remota por satélite) (por exemplo, MERIS, o produto Índice de Clorofila Terrestre disponível no NERC Earth Observation Data Centre (NEODC) do Reino Unido; Curran et al., (2007), sítios Web dedicados à publicação de imagens, artigos e participação (por exemplo, o Observatório Terrestre da NASA) está a tornar-se comum. A tecnologia SRS, combinada com a análise e a ferramenta de visualização GIS, tornou possível estudar as mudanças no uso do solo não só à escala regional mas também à escala global (Studer et al., 2007; Motohka et al., 2009; Julien e Sobrino, 2009). Ao longo dos últimos 30 anos de compilação de registos de satélite, dispomos agora de ferramentas úteis para analisar os impactos das alterações ambientais. A utilização dos SIG está presente em todos os aspectos da vida. A sua utilização já não se restringe apenas a levantamentos geográficos para instituições governamentais, mas uma variedade de aquisição e tratamento de dados permitiu que os SIG fossem utilizados em domínios como: investigação sobre solos e água, investigação sobre ambiente e poluição, redes rodoviárias e de tráfego, dados sobre a utilização dos solos, gestão da população e das florestas, hidrologia e redes fluviais, etc.

Nos últimos anos, o SIG tem sido aplicado a uma vasta gama de questões relacionadas com a biodiversidade, como a modelação da distribuição de espécies e o impacto de um clima em mudança. A previsão e a modelação (Stoms, 1992) e a cartografia de plantas utilizando modelação estatística (Nilson et al., 2002) são apenas algumas das muitas utilidades do SIG. A diversidade biológica é influenciada e controlada naturalmente por múltiplos factores; estes factores são: área (Rosenzweig, 1995), altitude (Rahbek, 1995), produtividade climática (Swift e Anderson, 1994), heterogeneidade da paisagem (Turner, 1987), estado de sucessão e perturbação (Osbornova et al., 1990; Huston, 1994; Bazzaz, 1996) e factores edáficos (Iverson et al., 1997).

O SIG tem sido utilizado na modelação preditiva das distribuições de espécies vegetais, de modo a realizar a cartografia do habitat de espécies individuais em integração com dados de deteção remota para fornecer previsões de potenciais áreas de ocorrência, identificar diferentes comunidades vegetais (conjuntos de espécies), distribuição de espécies com base em variáveis ambientais e topográficas e previsões da adequação ambiental para uma espécie com base em registos de presença a partir de registos históricos (Munoz et al., 2011; Ahrens et al., 2011; Meentemeyer, et al., 2004).

Com o desenvolvimento da tecnologia informática moderna, a utilização do SIG passou a ser valorizada em todos os aspectos da vida. A sua utilização já não se restringe apenas a levantamentos geográficos para instituições governamentais, mas uma variedade de aquisição e processamento de dados tem permitido

Utilização do SIG em domínios como: investigação sobre o solo e a água, investigação sobre o ambiente e a poluição, redes rodoviárias e de tráfego, dados sobre a utilização dos solos, gestão da população e das florestas, hidrologia e redes fluviais, etc.

2.2: Utilização do SIG para cartografia do habitat de espécies individuais

Alguns dos trabalhos recentes publicados sobre a cartografia do habitat de espécies individuais são os seguintes

Munoz et al. (2011 e Piedallu et al. (2011) estudaram a resposta das espécies aos seus factores ambientais, ou seja, os recursos hídricos do solo, que consideram um fator muito importante, mas que é difícil de utilizar pelos ecologistas de plantas devido à falta de dados acessíveis. Identificaram quatro espécies introduzidas e dois capins nativos em comunidades vegetais seminaturais e geridas.

Muturi et al. (2009) mapearam a distribuição de algumas espécies de árvores no Quénia. Estudaram a natureza invasiva de *Prosopis spp.* e os seus impactos socioeconómicos e ecológicos negativos. Utilizaram SIG e imagens de satélite Landsat em conjunto com inquéritos de campo e registos de estudos anteriores.

De acordo com Ponti et al. (2009), o aquecimento global terá efeitos diferentes em diferentes partes do mundo e, para algumas regiões, como a bacia mediterrânica, ainda é desconhecido. Estas regiões são muito propensas à desertificação e a azeitona (*Olea europaea*), sendo uma espécie de cultura resistente à seca, é aqui comummente cultivada.

Yang et al. (2006) e Zhao et al. (2006) relataram a utilização da análise SIG para efeitos de previsão da distribuição espacial das principais comunidades ou espécies dominantes à escala da paisagem para o planeamento do restauro ecológico, o planeamento da conservação da biodiversidade e as decisões de gestão regional na China.

Martinez et al. (2006) realizaram experiências utilizando SIG e SRS para conhecer o estado de conservação de onze espécies de líquenes ameaçadas em Espanha, avaliando a distribuição potencial. Meentemeyer et al. (2004) estudaram a "morte súbita do carvalho" nas florestas costeiras da Califórnia causada por um agente patogénico Phytophthora ramorum. Utilizaram um modelo baseado em SIG que incorpora os efeitos da variabilidade espacial e temporal de múltiplas variáveis na persistência do agente patogénico, com o objetivo de deteção e monitorização precoces.

Osborne et al. (2001) apresentaram modelos de previsão num estudo de caso com a abetarda utilizando SIG e deteção remota. Utilizaram a regressão logística para modelar dados de deteção remota incorporados numa base de dados SIG.

Guisan e Theurillat (2000) estudaram o efeito das alterações climáticas na flora alpina e subalpina dos Alpes suíços. Foram ajustados GLM logísticos de presença-ausência para 63 espécies.

2.3: Mapeamento de diferentes comunidades vegetais com SIG

Os ecótonos aquático-terrestres são vulneráveis às alterações climáticas (Alahuhta, et al., 2011). Registaram que a degradação da zona de macrófitas aquáticas emergentes teria consequências ecológicas graves para os ecossistemas de água doce, zonas húmidas e terrestres. Diferentes cenários climáticos até à década de 2050 produziram estes resultados para a Finlândia, modelando as futuras alterações nas macrófitas aquáticas emergentes boreais. A gestão da informação sobre os recursos florestais é o cerne da gestão da informação florestal (Xu et al., 2011).

Jarnevich et al. (2010) estudaram o problema das espécies vegetais exóticas invasoras nos EUA. Salientaram que a deteção é a chave para a erradicação, uma vez que estas espécies são normalmente muito agressivas e de crescimento rápido. Neste estudo, o SIG foi utilizado em conjunto com variáveis ambientais, para prever a distribuição potencial de espécies invasoras, uma vez que a maioria destas espécies é selectiva no seu período de estabelecimento inicial em relação às variáveis ambientais.

Guirado et al. (2008) utilizaram Regressões Lineares Múltiplas SIG para determinar quais os factores mais significativos nas fases de sucessão da floresta fragmentada periurbana em Espanha. Investigaram se as razões se devem principalmente a perturbações antropogénicas, ao clima e à topografia ou à estrutura e dinâmica das manchas.

Gret-Regamey et al. (2007) utilizaram o SIG para prever a perda de beleza paisagística nos Alpes da Suíça europeia. Concluíram que a construção não planeada não só destruirá a beleza paisagística como também toda a indústria do turismo. Afirmam que a abordagem apresentada neste documento pode ser útil no planeamento regional para estimar a influência das componentes da vista nas preferências das pessoas.

Schroder (2006) discutiu a integração de SIG com geoestatística, metadados e modelos baseados em árvores para análise de dados e cartografia em monitorização ambiental e epidemiologia.

Bourg et al. (2005) utilizaram um modelo de árvore de regressão (CART), com camadas de dados digitais de variáveis ambientais num SIG, para prever o habitat adequado e potenciais ocorrências de novas populações de barba-de-turco (Xerophyllum asphodeloides), uma erva rara de sub-bosque liláceo associada a florestas de pinheiro-cerquinho (Pinus-Quercus) do sul dos Apalaches, no noroeste da Virgínia, EUA. Os autores afirmam que este tipo de modelo pode ajudar os planeadores conservacionistas a conservar as espécies-alvo.

Um estudo realizado no Reino Unido por Broadmeadow et al. (2004) regista o cenário de alterações climáticas. Os autores consideram que as zonas mais afectadas pela seca serão as regiões do sul do Reino Unido, onde o CO2 aumentará a produtividade biótica, mas o crescimento global será reduzido pelo regime hídrico reduzido, causando a mortalidade das plantas. Alguns cenários extremos prevêem que, no final do século, os climas serão mais semelhantes aos da região mediterrânica a grande altitude. Uma mudança para o cultivo de árvores não nativas poderá ser uma melhor opção para o comércio da madeira em 2050.

Uma utilização interessante da abordagem baseada no SIG por O'Loughlin (2005) indica os impactos na estabilidade dos declives. O autor argumenta que as raízes das árvores proporcionam uma melhor estabilidade contra ciclones, ventos, etc. Este artigo analisa brevemente a influência das árvores nos deslizamentos de terras pouco profundos, com maior ênfase no Pinus radiata. Os modelos informáticos modernos, em combinação com o SIG, fornecem previsões de instabilidade muito úteis (O'Loughlin, 2005).

A diversidade das paisagens futuras pode depender da nossa capacidade de prever a sua potencial riqueza de espécies (Luoto et al. 2002). Luoto et al. (2002) estudaram a riqueza de plantas vasculares no SIG em conjunto com observações de campo e dados SRS. Nilson et al. (2002), por exemplo, utilizaram fotografias aéreas e de satélite em conjunto com dados de modelos digitais de elevação (DEM) para identificar e cartografar diferentes comunidades de vegetação.

Rouget et al. (2001) elaboraram o mapa de distribuição de seis espécies de Pinus (P. halepensis, P. nigra, P. pinaster, P. pinea, P. sylvestris e P. uncinata) que ocorrem naturalmente na Catalunha, no nordeste de Espanha.

As técnicas estatísticas e a utilização de ferramentas SIG no desenvolvimento de modelos preditivos de distribuição de habitats aumentaram rapidamente em ecologia (Guisan e Zimmermann, 2000).

Modelação da distribuição de espécies com base em variáveis ambientais e topográficas Ali et al (2014) estudaram a distribuição de espécies utilizando variáveis ambientais nas regiões do norte do Paquistão. Warren et al. (2008) apresentaram modelos de nicho ambiental gerados pela combinação de dados de ocorrência de espécies com camadas de dados SIG ambientais. Phillips et al. (2004) apresentaram um artigo interessante nas Actas da 21.ª Conferência Internacional sobre Aprendizagem Automática, comparando o GARP, um modelo de previsão de espécies, com o Maxent. Concluíram que o Maxent tinha superado de forma esmagadora o GARP, utilizando dados de levantamentos de aves da América do Norte.

Mutke et al. (2001) estudaram os padrões da diversidade de plantas vasculares africanas utilizando uma abordagem baseada em SIG. Utilizaram um modelo de regressão múltipla para a produção de mapas. Encontraram a melhor correlação com a riqueza de espécies para a soma anual dos Índices de Vegetação de Densidade Normalizada (NDVI), o número de meses secos e o balanço hídrico. Apresentaram também um primeiro mapa de topo-diversidade para África.

Thomas et al. (2000) estudaram a utilização da nova tecnologia de cartografia vídeo na ecologia da paisagem. Descrevem como a cartografia vídeo liga vídeos espacialmente explícitos a um SIG.

Os modelos preditivos constituem a base de muitos estudos ecológicos e de conservação e têm uma variedade de utilizações (Graham et al., 2004). Foram encontrados muitos registos em que foram utilizados dados de herbários e museus para prever a probabilidade da distribuição atual das espécies. Na maioria dos casos, as variáveis utilizadas foram dados de longitude, latitude e altitude da presença de uma determinada espécie, que foram processados em SIG.

O Maxent é uma abordagem de modelação amplamente utilizada, em que apenas os dados de presença são introduzidos no software que executa algoritmos únicos que produzem mapas de previsão significativos (Phillips e Dudik, 2008; Phillips et al., 2004 e 2006). Para mais pormenores sobre o Maxent, consultar o Capítulo 4.

2.4: Estudos SIG no Paquistão

Os estudos SIG no Paquistão não são muito comuns. Ahmad e Andrianasolo (1997) avaliaram a salinidade do solo e vários factores de tempo e custo-eficácia para recuperar terras. Utilizaram tecnologias de deteção remota (RS) e SIG para a aplicação prática da avaliação da salinidade do solo e de alguns dos seus factores físicos no sul do Punjab, Paquistão. Archer (1998) utilizou uma série de camadas em SIG para avaliar as pressões sociais e físicas sobre os recursos do Paquistão. Os SIG e a RS no Paquistão são atualmente utilizados em muitos sectores, mas a uma escala muito limitada (Ahmad e Qazi, 1999). Ahmad e Qazi (1999) discutem as perspectivas futuras da utilização do SIG e as razões da sua utilização limitada. Considera-se que o Governo não está a desempenhar o seu papel na promoção desta nova tecnologia. Runtunuwu et al. (2000) efectuaram uma análise comparativa da classificação da vegetação potencial e real na região asiática e avaliaram os efeitos antropogénicos. Utilizaram dados NDVI juntamente com outras variáveis climáticas e processaram-nos em SIG. Constataram que a Índia, o Paquistão, a China e outros países asiáticos estão a passar por rápidas mudanças na cobertura vegetal. O Paquistão tem o maior sistema de irrigação contíguo do mundo (Bastiaanssen e Ali, 2003). Saqib et al. (2006) utilizaram SIG e técnicas de modelação para prever a distribuição de *Taxus wallichiana* no vale de Palas. Ahmad (2007) destacou a utilização efectiva das tecnologias 3s (SIG, GPS e SRS). Afirmou que a integração destas tecnologias em vários domínios da vida pode melhorar a vida de um paquistanês normal. Peduzzi et al. (2005) salientaram o facto de o SIG poder revelar-se uma ferramenta vital numa altura em que os recursos são limitados e em que se abordam questões graves como os deslizamentos de terras em regiões sísmicas. O documento aplicou a técnica SIG juntamente com a análise estatística ao terramoto devastador de 2005 no Paquistão e na Índia, que matou centenas de pessoas.

Uma abordagem muito interessante foi adoptada por Ali e Malik (2011), que avaliaram a concentração de poluentes (metais) em diferentes solos da cidade metropolitana de Islamabad. A única análise geoespacial no vale do Swat foi efectuada por Qasim et al. (2011). Consideraram que a utilização dos solos é um fator importante para a subsistência da população local e puseram à prova a fiabilidade dos relatórios sobre a utilização dos solos elaborados pelo Governo do Paquistão no vale do Swat.

2.5: Alterações climáticas e SIG no Paquistão

Ali e Deboer (2008) utilizaram o SIG para estimar os sedimentos nos recursos hídricos do Paquistão. Três grupos diferentes produziram resultados diferentes em sedimentos específicos (Sysp), ou seja, sub-bacias glaciares, sub-bacias de monção inferior e o rio Indus principal.

Foi efectuado um estudo SIG, avaliando os dados de precipitação recolhidos entre 1960 e 1990 pelo modelo climático PRECIS (Ahmad, et al., 2010b). Foram criadas camadas SIG de precipitação fina da zona de estudo, as montanhas do Himalaia a noroeste das planícies do Indo.

As alterações climáticas afectarão gravemente a área florestal do Paquistão (Ahmad et al., 2010a). Outro estudo efectuado por Ahmad et al. (2010a) no distrito quente de Chakwal sugeriu que o aumento máximo da temperatura de cerca de 2 graus terá consequências graves para as florestas da zona.

Ahmad et al. (2011) aplicaram o SIG à modelação das águas subterrâneas utilizando a teledeteção por satélite e obtiveram bons resultados, ao mesmo tempo que apreciaram o facto de estas tecnologias terem a capacidade de analisar e monitorizar eficazmente o comportamento das águas subterrâneas e as condições terrestres associadas.

A partir da revisão da literatura acima referida, é óbvio que apenas alguns cientistas tentaram utilizar o SIG para a análise da utilização dos solos no vale do Swat. Não foram encontrados registos de modelos de previsão de árvores e de correlação de factores climáticos com a distribuição da flora no vale do Swat.

CAPÍTULO 3
DADOS E MÉTODOS

3.1: Introdução

O Painel Intergovernamental sobre as Alterações Climáticas (IPCC) dispõe de provas suficientes que sugerem que a temperatura global aumentará 1,8 - 4,0 graus C até ao final do século (IPCC, 2007). O aumento da temperatura global, do CO2 atmosférico e a alteração do padrão de precipitação terão um efeito significativo nos processos do ecossistema e na fisiologia das plantas, pelo que, recentemente, tem sido dada atenção à definição dos impactos das alterações climáticas na diversidade biológica (por exemplo, Southward et al., 1995; Parmesan e Yohe, 2003; Harley et al., 2006; Helmuth et al., 2006 a, b). A ameaça é séria para a sobrevivência de muitas espécies e dos seus habitats a nível mundial (Neilson et al., 2005; Thomas et al., 2004; McCarthy, 2001), mas a probabilidade média de extinção de muitos investigadores sugere que o impacto das alterações climáticas é de 7%. Existe um forte apoio empírico à ideia de que as alterações climáticas antropogénicas constituem uma grande ameaça para a biodiversidade global (Mclean e Wilson, 2011).

A distribuição atual e futura de uma espécie tem uma ligação direta com as alterações climáticas e este princípio é explorado pelos investigadores para conhecer a distribuição atual e prever a distribuição futura de espécies de importância ecológica (Kuchler, 1956; Turner, 1987; Stoms, 1992; Swift e Anderson, 1994; Rosenzweig, 1995; Nilson et al., 2002; Meentemeyer, et al., 2004; Kuczynski et al., 2009; Munoz et.al., 2011; Ahrens et al., 2011).

Neste estudo, o modelo Maxent, muito conhecido, foi utilizado para identificar a distribuição atual e futura de 25 espécies arbóreas do vale do Swat, todas elas de particular importância para a extração sustentável de macacos.

Modelação Maxent da distribuição

O modelo de estimativa da densidade de entropia máxima é uma máquina de uso geral, que é utilizada para a modelação de ocorrências preditivas de espécies. Estão a ser utilizados muitos programas informáticos de modelização diferentes (ver Quadro 3.1). A maioria destes modelos funciona com base nos princípios básicos das distribuições de Gibb derivadas do conjunto de características (restrições expressas em termos de funções simples das variáveis ambientais). O programa Maxent utiliza características de seis classes: Características lineares (L), quadráticas (Q), produto (P), limiar (T), charneira (H) e indicador de categoria (C) (Phillips et al., 2006; Phillips e Dudik, 2008).

Tabela 0.1. Diferentes modelos de distribuição de espécies e as suas principais referências.

Method(s)	Model/software name	Species data type	Key reference/URL
Gower Metric	DOMAIN	presence only	Carpenter et al. (1993) http://www.cifor.cgiar.org/docs/_ref/research_tool s/domain/http://diva-gis.org
Ecological Niche Factor Analysis (ENFA)	BIOMAPPER	presence and background	Hirzel et al. (2002) http://www2.unil.ch/biomapper/
Maximum Entropy	MAXENT	presence and background	Phillips et al. (2006) http://www.cs.princeton.edu/~schapire/maxent/
Genetic algorithm (GA)	GARP	pseudo-absence	Stockwell and Peters, (1999) http://www.lifemapper.org/desktopgarp/
Artificial Neural Network (ANN)	SPECIES	presence and absence (or pseudo-absence)	Pearson et al. (2002)

Regressio n: (GLM), (GAM), (BRT), (MARS)	Implemented in R	presence and absence (or pseudo-absence)	Lehman et al. (2002) Elith et al. (2006) Leathwick et al. (2006) Elith et al. (2007)
Multiple methods	BIOMOD	presence and absence (or pseudo-absence)	Thuiller, (2003)
Multiple methods	OpenModeler	depends on method implemented	http://openmodeller.sourceforge.net/

A vantagem do algoritmo Maxent é que pode ajustar modelos mais complexos a partir de conjuntos de dados mais pequenos, utilizando mecanismos explícitos de "regularização"; esta função impede que o modelo se torne muito complexo e ultrapasse o suporte dos dados empíricos. Phillips e Dudik (2008) também afirmam que a definição por defeito do modelo funciona tão bem como se fosse ajustado aos dados de avaliação. Recentemente, introduziram também a caraterística hinge que modela uma maior complexidade nos dados de treino. Têm algumas formas de contornar o enviesamento da seleção de amostras, a que chamam "amostragem de fundo", e afirmam que isto diminui o tempo de construção do modelo (Phillips e Dudik, 2008).

3.2: Dados utilizados

Dados sobre a presença de espécies

Os dados geo-referenciados das espécies seleccionadas foram obtidos a partir de fontes secundárias, ou seja, do Government Postgraduate Jahanzeb College, registos da biblioteca do distrito de Swat (Ali et al., 2014). Os dados foram obtidos de parcelas seleccionadas aleatoriamente pertencentes a 23 localidades diferentes (Mapa 3.1) do distrito de Swat durante 2012-2015. Foram efectuadas três viagens à zona para o exercício de verificação no terreno.

Os dados sobre a localização das espécies estavam no formato de ficheiro de texto delimitado por vírgulas CSV, que é compatível com o software Maxent (Phillips et al., 2004). O Maxent só pode ler três colunas de um ficheiro de texto CSV (delimitado por vírgulas), ou seja, as colunas Nome/ID da espécie, Latitude e Longitude. Os dados foram ordenados com a ajuda do MS Excel 2007.

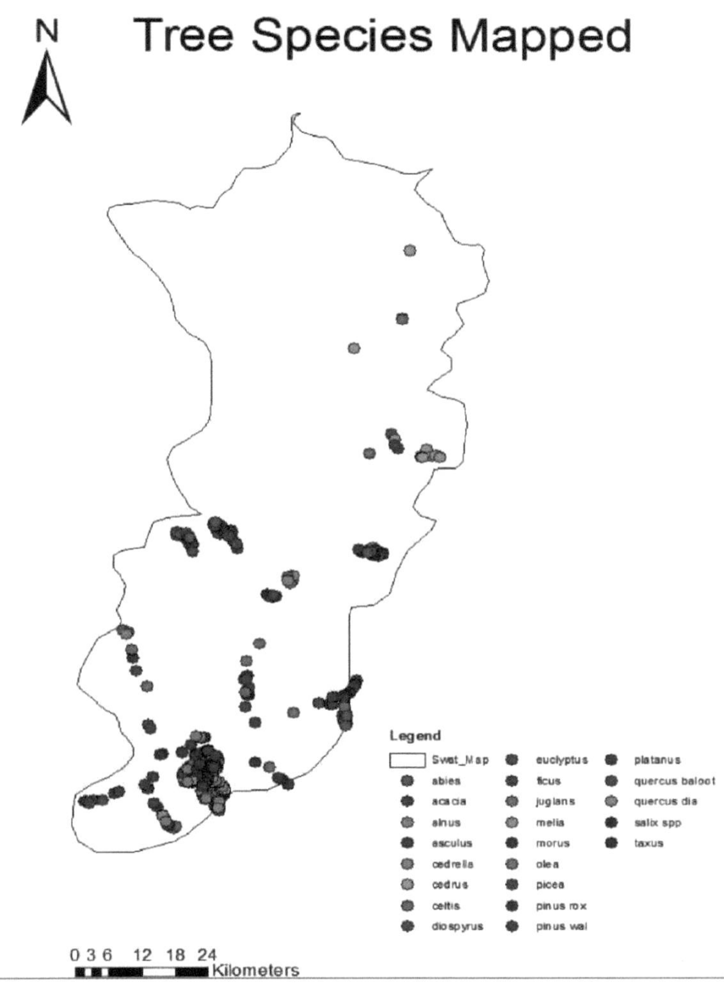

Mapa 0.1.A. Mapa das espécies arbóreas do distrito de Swat.

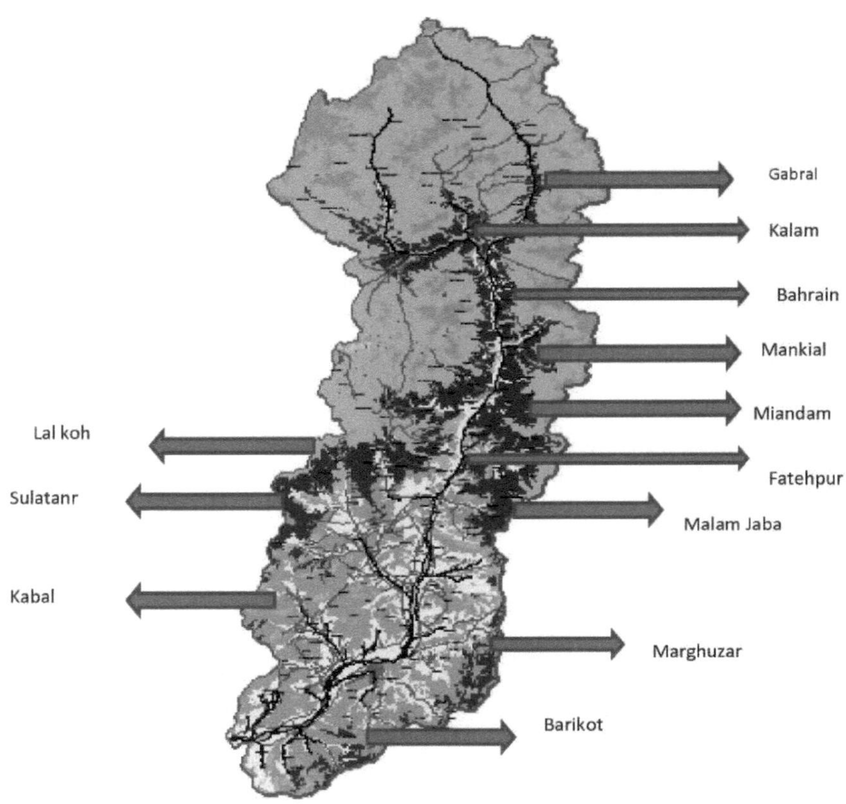

Mapa 0.1. B. Mapa NDVI do distrito de Swat mostrando as localidades de dados

Camadas bioclimáticas: extração e formatação

Os dados climáticos globais, ou seja, a temperatura (máxima e mínima), a precipitação (máxima, mínima) e a altitude, são registados em milhares de estações meteorológicas em todo o mundo e estão disponíveis em linha como fonte gratuita para investigação climática e fins académicos no sítio Web Worldclim (http://www.worldclim.org/current).

Tabela 0.2. Variáveis bioclimáticas e respetiva descrição (fonte: WorldClim, 2015).

No	Bioclimatic variable	Description
1	BIO1	Annual mean temperature
2	BIO2	Mean diurnal range (mean of monthly (max temp-min temp)
3	BIO3	Isothermality (100*mean diurnal range/annual temperature range) or (bio2/bio7 *100)
4	BIO4	Temperature seasonality (standard deviation *100)
5	BIO5	Max temperature of warmest month
6	BIO6	Min temperature of coldest month
7	BIO7	Temperature annual range (bio5-bio6)
8	BIO8	Mean temperature of wettest quarter
9	BIO9	Mean temperature of driest quarter
10	BIO10	Mean temperature of warmest quarter
11	BIO11	Mean temperature of coldest quarter
12	BIO12	Annual precipitation
13	BIO13	Precipitation of wettest month
14	BIO14	Precipitation of driest month
15	BIO15	Precipitation seasonality (coefficient of variation)
16	BIO16	Precipitation of wettest quarter
17	BIO17	Precipitation of driest quarter
18	BIO18	Precipitation of warmest quarter
19	BIO19	Precipitation of coldest quarter

Estas camadas bioclimáticas estão disponíveis para utilização na sua forma de grelha genérica (.grd) e podem ser importadas para o Diva GIS. O Diva GIS foi descarregado de http://www.diva-gis.org/ e é um software gratuito.

As variáveis bioclimáticas actuais e futuras foram descarregadas do sítio Web Bioclim (Hijmans et al., 2005) (ver Quadro 3.2). As camadas bioclimáticas são ficheiros enormes que contêm gigabytes de dados, disponíveis no sítio Web Worldclim (http://www.worldclim.org/current). Os dados do Modelo Acoplado do Centro Hadley do IPCC versão 3 (HADCM3) foram utilizados no presente estudo; este é produzido pelo Centro Hadley do Gabinete Meteorológico, Reino Unido. Estes conjuntos de dados são variáveis climáticas, registos recolhidos desde ~1950 a 2000. Utilizam também dois cenários de emissões diferentes, a2a e b2a, para a projeção futura de 2080. Os dados estão disponíveis em quatro resoluções espaciais diferentes, ou seja, 3 segundos de arco (aproximadamente 1 km), 2,5 minutos de arco, 5 minutos de arco e 10 minutos de arco. Para este estudo, foi escolhido o cenário a2a e a resolução celular mais elevada de 3 Arc-segundos, a fim de obter melhores resultados.

Requisitos de software para modelação

Há uma série de programas informáticos necessários para efetuar a modelação (ver Quadro 4.3). A maior parte deles pode ser obtida gratuitamente na Internet.

Para o presente projeto, foram utilizados todos os softwares mencionados na Tabela 3.3 e o ArcGIS versão 10.1 (ArcMap) licenciado pela ESRI 2011.

Quadro 3.3. Software necessário para a modelação da distribuição das espécies Maxent

No	Software	Source
1	Diva GIS	http://www.diva-gis.org/
2	Maxent	http://www.cs.princeton.edu/~schapire/maxent/
3	Java	http://www.java.com/en/download/
4	MS Excel	http://office.microsoft.com/en-gb/excel/
5	BrEXIF extractor	http://www.br-software.com/extracter.html
6	K rename	http://sourceforge.net/projects/krename/
7	Winzip	http://www.winzip.com/

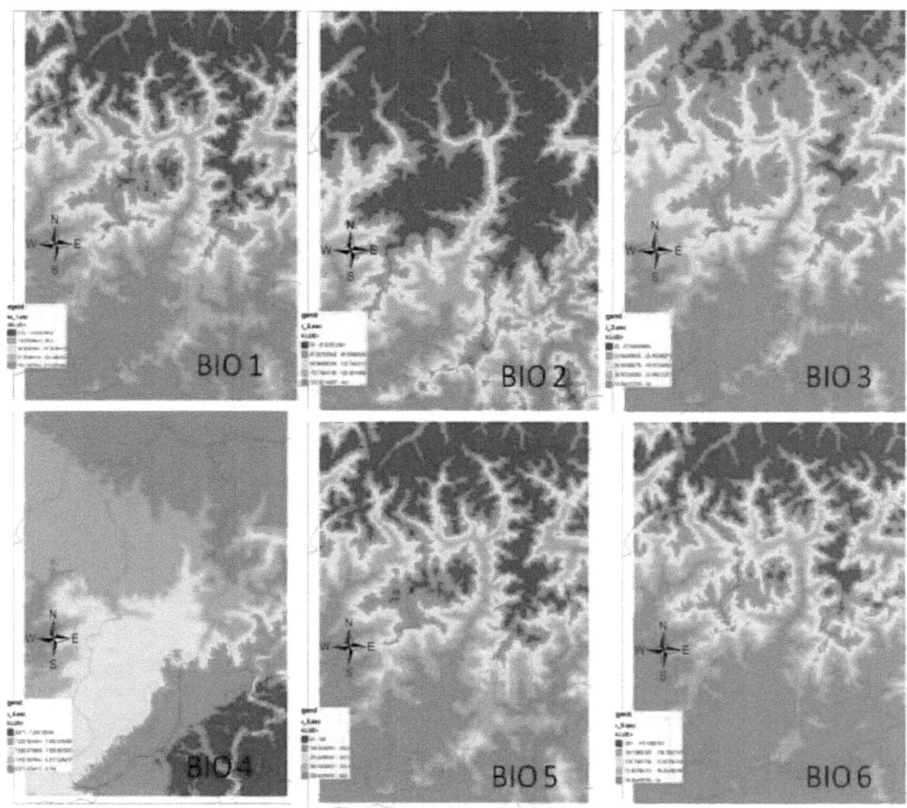

Mapa 0.2. Os 19 estratos bioclimáticos recortados para o local de estudo.

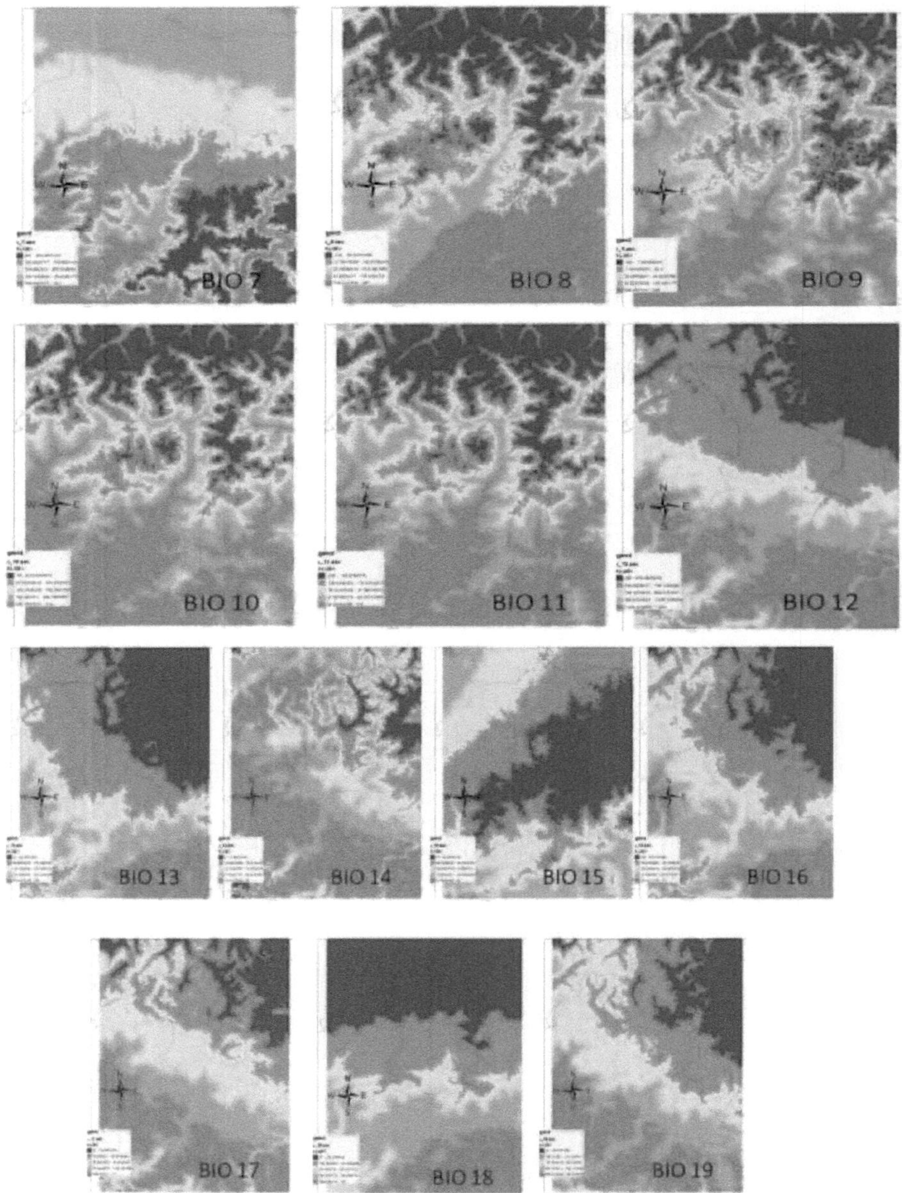

Mapa 0.3. Os 19 estratos bioclimáticos recortados para o local de estudo.

Quadro 3.4. Lista das espécies amostradas no distrito de Swat.

S No	Plant Species	Local Names (Pashto)
1	*Abies pindrow Royle*	Achar
2	*Acacia modesta Wall*	Palosa
3	*Alnus nitida (Spach.) Endl.*	Giray
4	*Aesculus indica (Wall. ex Camb.) Hook. f.)*	Jawz
5	*Betula utilis D.Don*	Bruch
6	*Cedrella serrata Royle*	Shin lakhtey
7	*Cedrus deodara (Roxb. ex Lambert) G. Don*	Ranzra
8	*Celtis caucasica L.*	Taaghoo
9	*Diospyros lotus L.*	Amlook
10	*Eucalyptus spp.*	Laachi
11	*Ficus spp.*	Inzer
12	*Juglans regia L.*	Gwaz
13	*Melia azedarach L.*	Shandai
14	*Morus spp.*	Thooth
15	*Olea ferruginea Royle*	Khona
16	*Picea smithiana (Wall.) Boiss.*	Mangazai
17	*Pinus roxburghii Sargent*	Nakhtar
18	*Pinus wallichiana A. B. Jackson*	Pewoch
19	*Platanus orientalis L.*	Chinar
20	*Pyrus spp.*	Taangai
21	*Quercus baloot Griff.*	Banjai
22	*Quercus dilatata Lindley ex Royle*	Spin banj
23	*Quercus incana Roxb.*	Tor Banj
24	*Salix spp.*	Wala
25	*Taxus baccata L.*	Banya

3.3: Métodos e técnicas

O último Global Multi-resolution Terrain Elevation Data 2010 (GMTED, 2010) (Danielson e Gesch, 2011) foi obtido no sítio Web da USGS, cortado para a área de estudo e projetado no ArcMap 10.1. As camadas de dados de localização das espécies arbóreas foram depois sobrepostas como dados pontuais no mapa DEM, tendo sido elaborados mapas temáticos de espécies arbóreas individuais.

Modelo digital de elevação (DEM) e mapas de elevação de espécies

Os dados raster obtidos a partir dos resultados da modelação Maxent foram primeiro reclassificados em cinco classes de probabilidade para a análise dos hotspots e, posteriormente, essas classes foram convertidas em classes de dados binomiais: uma com probabilidades previstas superiores a 80% e a outra com probabilidades inferiores a 80%. As classes de probabilidade de distribuição superior a 80% foram consideradas a estimativa real da presença da espécie e essas células raster representavam os verdadeiros hotspots da espécie na área.

Análise de hotspots e estimativa do risco de extinção (direcções futuras)

O caminho a seguir após este estudo seria a estimativa do risco de extinção para a vegetação da área. A estimativa do risco de extinção das espécies na área pode ser calculada utilizando a Equação 3.1, sugerida por Thomas et al. (2004). Os rasters criados pelos resultados da modelação Maxent no Capítulo 3 podem ser utilizados e posteriormente processados no ArcMap utilizando as funções "reclassification" (reclassificação) e "draw polygon" (desenhar polígono) para obter a área ocupada pelas espécies e, assim, calcular o risco de extinção.

Equação 3.1

$$E_1 = 1 - (\Sigma A_{new} / \Sigma A_{original})^z$$

Tal como sugerido por Thomas et al. (2004) na equação 3.1, E1 é a proporção de espécies que se vão extinguir na região. Na equação, A original é a área inicialmente ocupada por uma espécie e A nova é a área projectada para a mesma espécie no futuro. Pode-se facilmente calcular a estimativa de extinção para todas as espécies usando a Equação 3.1 ou a estimativa de extinção de espécies individuais usando as Equações 3.2 e 3.3.

Equação 3.2

$$E_2 = 1 - \{(1/n)[\Sigma(A_{new} / A_{original})]\}^z$$

E3.2 é a estimativa da variação proporcional média na área de distribuição das espécies e é representada por valores médios entre espécies.

Equação 3.3

$$E_3 = (1/n)\Sigma[1 - (A_{new}/A_{original})^z]$$

E3.3 é a estimativa do risco de extinção para cada espécie e é calculada a média para a estimativa regional (Thomas et al., 2004)

Em todas estas equações, z é uma constante e o seu valor é 0,25, segundo Thomas et al. (2004). Para mais pormenores sobre os valores de z, ver Rosenzweig (1995).

Próxima etapa (espécies da lista vermelha)

O cálculo da estimativa do risco de extinção da espécie pode permitir-nos classificar as espécies numa categoria de ameaça regional utilizando os critérios do Livro Vermelho. Estes podem criar indicadores úteis para decidir a política de conservação da zona.

Análise da utilização dos solos da cidade de Mingora

O Idrisi Selva foi utilizado para produzir diferentes composições de cores a partir das imagens Landsat obtidas a partir do Glovis, captadas em 28 de setembro de 2001. Foi selecionada uma sub-cena de 30x30 km abrangendo a cidade principal "Mingora" e as cadeias montanhosas circundantes do distrito para uma análise mais aprofundada da utilização do solo. As imagens foram processadas para produzir: uma imagem composta de cor verdadeira da área, uma imagem composta de infravermelhos próximos de cor falsa e uma imagem composta de cor das bandas 2, 4 e 7 (ver Capítulo 4).

CAPÍTULO 4
RESULTADOS

4.1: Introdução

O Maxent produziu uma variedade de ficheiros de saída diferentes como resultados; o resultado habitual é como camadas de mapas visuais importáveis para qualquer software GIS, juntamente com outros gráficos (plotagens) e folhas de cálculo estatístico. As camadas de mapas visuais mostram valores logísticos de probabilidade que vão de 0 a 1, com uma variação de cores de verde a vermelho. As cores quentes (vermelho e laranja) representam uma maior probabilidade de ocorrência de uma espécie, enquanto a cor fria, que no nosso caso é o verde, mostra uma baixa probabilidade de ocorrência de uma espécie (Phillips, et al., 2006).

Outro bom teste da probabilidade de previsão e da exatidão de um modelo é a AUG (área sob a curva caraterística de funcionamento do recetor), que, se for superior a 0,8, é considerada um bom modelo e 0,9 é altamente exacta (Luoto et al., 2005).

O poder preditivo máximo é a representação gráfica comparativa da omissão e da área preditiva sob um determinado número de "percentagens de teste aleatório", que neste caso foram 25. Isto significa que o programa coloca de lado 25% dos registos da amostra e efectua algumas análises estatísticas simples, fazendo previsões binárias utilizando condições adequadas acima do limiar e inadequadas abaixo do limiar. Os resultados são apresentados num gráfico que mostra a omissão de treino e a omissão de teste em relação à área prevista.

4.2: Modelação Preditiva de Espécies (Maxent)

Foram obtidos resultados para os modelos de previsão actuais e projectados para o futuro (2080) para a maior parte das espécies arbóreas da Tabela 3.4, mas os resultados de apenas duas espécies serão discutidos na tese devido ao limite de palavras.

i. *Abies Pindrow*

A Maxent previu que a distribuição atual da espécie se estendia aos distritos vizinhos a leste e a oeste (ver Mapa 4.1 A e B).

A análise Jackknife para a atual distribuição de probabilidades (Figura 4.1) da AUC mostrou que a maior contribuição foi alcançada pelas variáveis climáticas bio-10 e bio-7, que são (Temperatura média do trimestre mais quente) e (Intervalo anual de temperatura [bio5-bio6]), respetivamente, enquanto as variáveis que menos contribuíram para o ganho foram bio3 (Isotermalidade) e bio6 (Temperatura máxima do mês mais quente), ver (Capítulo 3, Tabela 3.2).

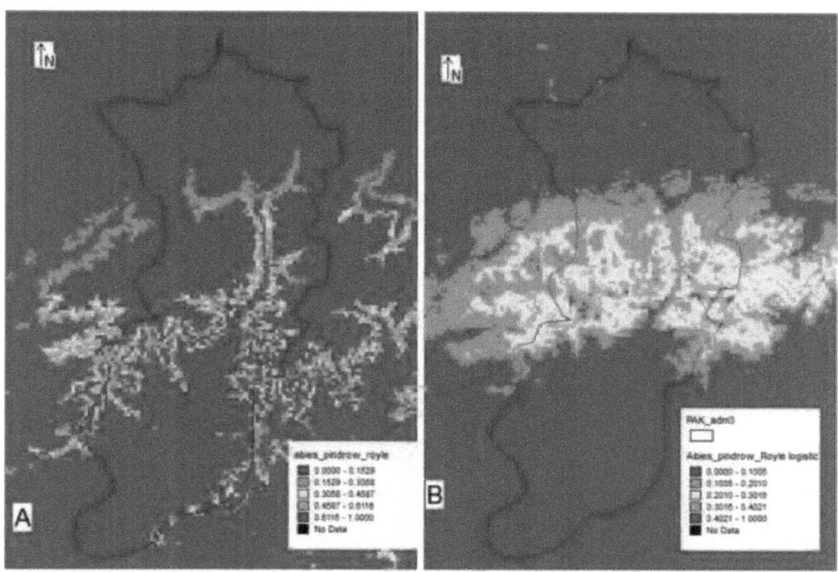

Mapa 0.1.A. Distribuição atual de *Abies pindrow*; B. Distribuição futura projectada de *A. pindrow*.

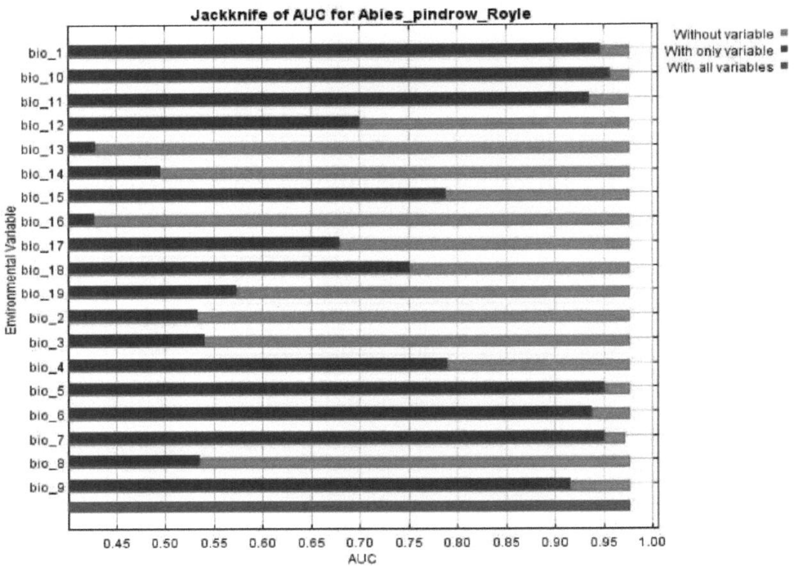

Figura 0.1. Jackknife de AUC para *Abiespindrow*

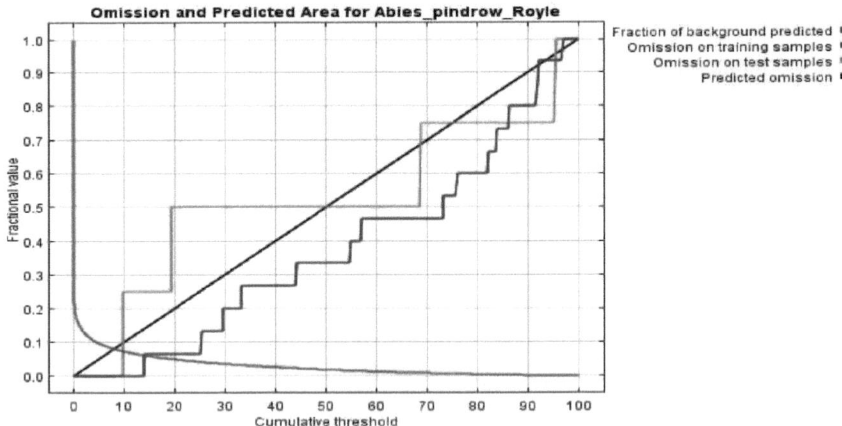

Figura 0.2. Omissão e área prevista para *Abies pindrow*

Para a projeção futura, o modelo mostrou uma tendência diferente: a bio-6 continuou a ser a principal variável contribuinte, juntamente com a bio-1 e a bio-11, mas a bio-14 foi considerada a variável menos contribuinte (ver Figura 4.3).

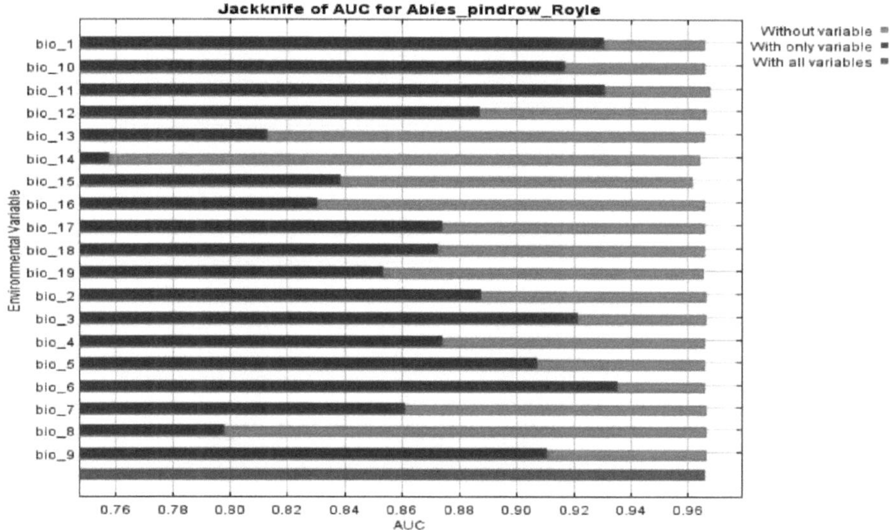

Figura 0.3. Jackknife de AUC para *Abiespindrow*, projeção futura.

O bio-14 é a precipitação do mês mais seco, e não é um fator significativo para a distribuição *da Abiespindrow. Acácia modesta*

As camadas visuais obtidas mostram que a distribuição atual prevista da espécie é bastante restrita à baixa altitude do vale do Swat (ver mapa 4.2 A), mas apresenta uma probabilidade de ocorrência significativamente elevada no futuro modelo previsto, ainda restrita às zonas sul e central. A espécie apresenta uma distribuição densa ao longo das margens do rio Swat e nas suas imediações (ver Mapa 4.2 B). No mapa GIS, a distribuição não mostra qualquer progressão para além do vale do Madayan.

ii. *Acácia modesta*

Esta espécie apresentou o maior ganho para o bio-9 (temperatura média do trimestre mais seco), enquanto o menor ganho foi registado para o bio-14 (ver Figura 4.3).

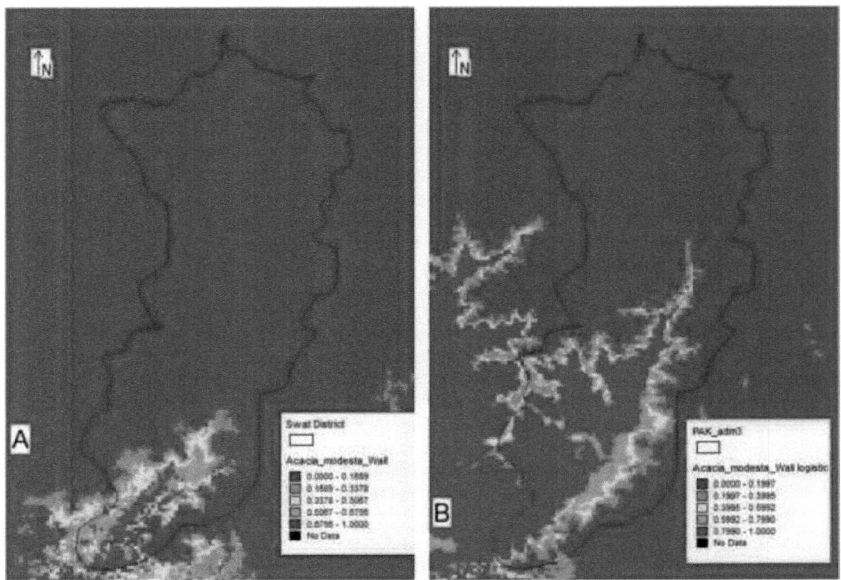

Mapa 0.2. A. Padrão de distribuição atual; B. Projeção futura de 2080 para a *Acacia*

modesta.

O gráfico da Sensibilidade vs. 1- Especificidade para a *Acacia modesta* apresenta uma AUC de 0,989 para os dados de treino e de 0,969 para os dados de teste. O limiar de previsão utilizado para o gráfico é

0,5 AUC (ver Figura 4.4).

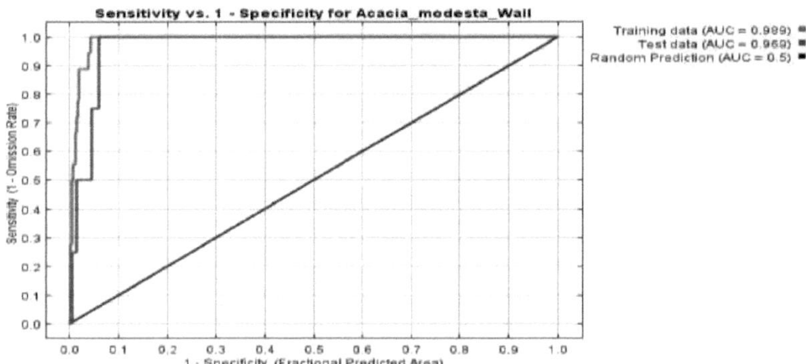

Figura 0.4. Representação gráfica da sensibilidade vs. 1-especificidade para a *Acacia*

modesta.

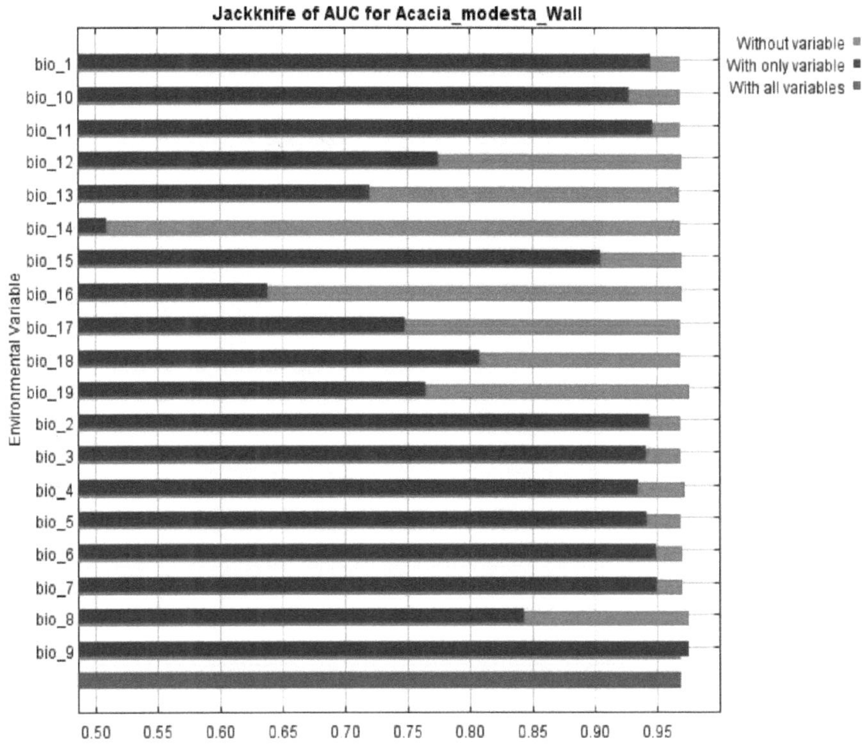

Figura 0.5. Jackknife de AUC para *Acacia modesta*.

4.3: *Cartografia Digital de Elevação*

Foram produzidos mapas DEM individuais para as espécies da área de estudo. Apenas três mapas de elevação, ou seja, *Abies pindrow, Picea smithiana* e *Cedrus deodara* são apresentados neste projeto (ver Mapa 4.3, 4.4 e 4.5), o resto dos mapas temáticos e os ficheiros do projeto ArcMap foram guardados e arquivados para o desenvolvimento de uma base de dados SIG básica.

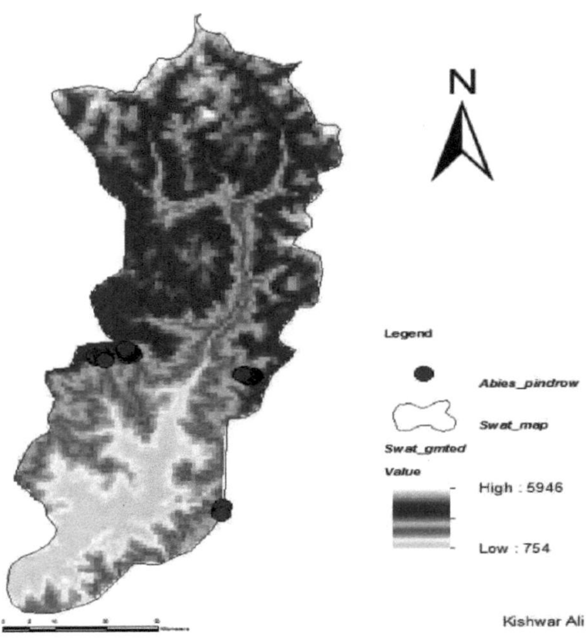

Mapa 4.3. Mapa DEM de *Abies pindrow*.

Os resultados obtidos indicam que, entre todas as espécies, *Cedrus deodara* tem o registo mais elevado de altitude (3491m), mas foram encontradas algumas manchas da espécie a uma altitude muito baixa de apenas 979m. Outras espécies arbóreas de altitude elevada foram *Betula utilis*, que só foi registada acima dos 2000m. Foi registado que *o Pinus wallichiana* pode ocorrer a alturas superiores a 3000 m, mas também pode partilhar a gama altitudinal inferior de apenas 900 m com o *Cedrus deodara* (ver Quadro e Figura 4.1).

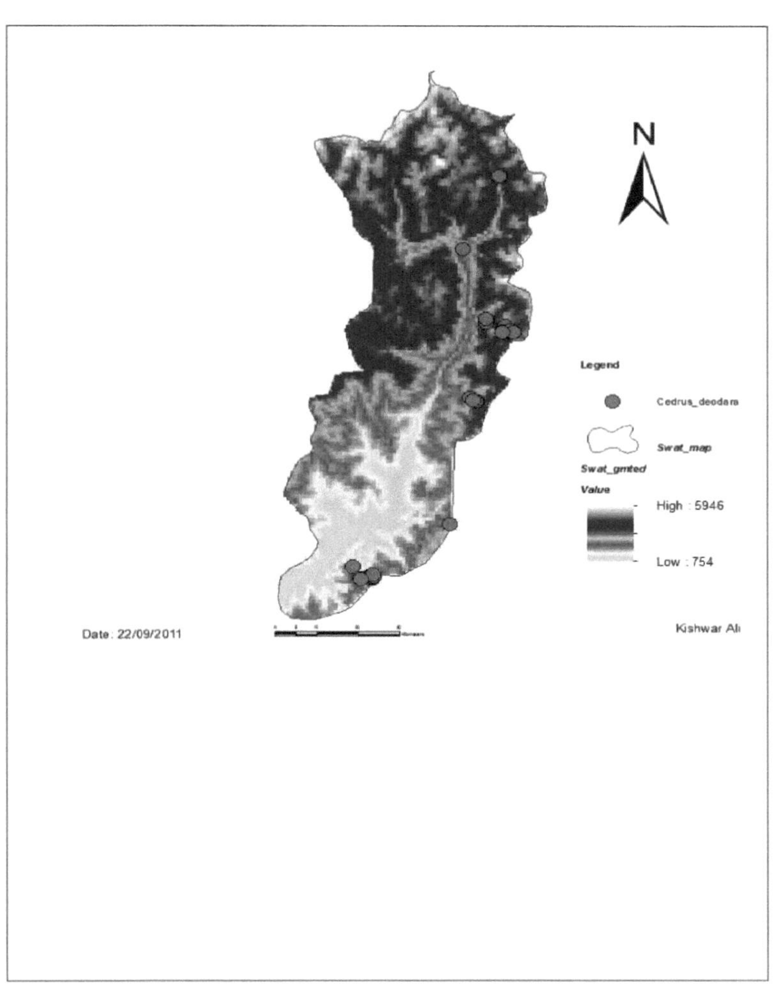

Mapa 0.4. Mapa DEM de *Cedrus deodara.*

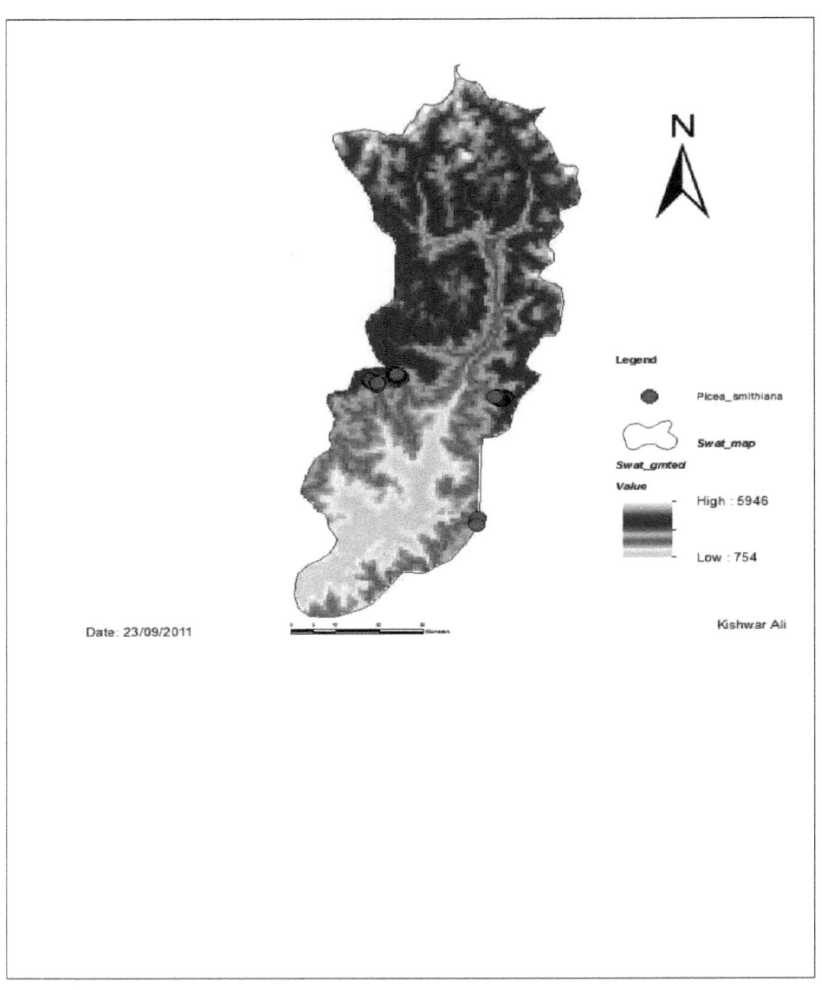

Mapa 0.5. Mapa DEM de *Picea smithiana.*

Tabla 4.1 Espécies de árvores e suas altitudes na área de estudo.

Species	Highest altitude	Lowest altitude	Latitude for the elevation highest point	Longitude for the elevation highest point	Latitude for the lowest point	Longitude for the lowest point
Abies pindrow Royle	2733	2229	35.17	72.36	35.14	72.32
Acacia modesta Wall	1326	769	34.72	72.35	34.65	72.15
Alnus nitida (Spach.) Endl.	1883	843	34.64	72.37	34.74	72.27
Aesculus indica (Wall. ex Camb.) Hook.f.	2510	1854	35.11	72.63	34.64	72.37
Betula utilis D.Don	3271	2035	35.29	72.72	35.33	72.65
Cedrella serrata Royle.	2037	1132	34.66	72.37	34.70	72.36
Cedrus deodara (Roxb. ex Lambert) G. Don	3491	979	35.29	72.73	35.30	72.71
Celtis caucasica L.	2004	960	34.83	72.57	34.74	72.34
Diospyrus lotus L.	2033	981	35.33	72.65	34.74	72.33
Eucalyptus spp.	1988	758	35.12	72.62	34.66	72.16
Ficus spp.	2032	755	34.66	72.37	34.66	72.15

Juglans regia L.	2309	1083	35.55	72.67	34.70	72.35
Melia azedarach L.	1970	753	34.67	72.36	34.66	72.15
Morus spp.	1793	753	34.67	72.36	34.66	72.15
Olea ferruginea Royle	1552	980	34.70	72.33	34.80	72.42
Picea smithiana (Wall.) Boiss.	2739	2166	35.17	72.36	35.14	72.32
Pinus roxburghii Sargent.	2336	793	34.67	72.37	34.67	72.20
Pinus wallichiana A. B. Jackson	3072	981	35.29	72.72	34.80	72.42
Platanus orientalis L.	1806	762	34.64	72.36	34.66	72.15
Pyrus spp.	2005	1132	34.83	72.57	34.73	72.36
Quercus baloot Griff.	2359	1004	35.12	72.62	34.74	72.36
Quercus dilatata Lindley ex Royle.	2014	1110	34.66	72.37	34.69	72.35
Quercus incana Roxb.	2738	1045	35.17	72.36	34.72	72.33
Salix spp.	2653	765	35.67	72.68	34.66	72.15
Taxus baccata L.	2670	2408	35.16	72.36	35.11	72.63

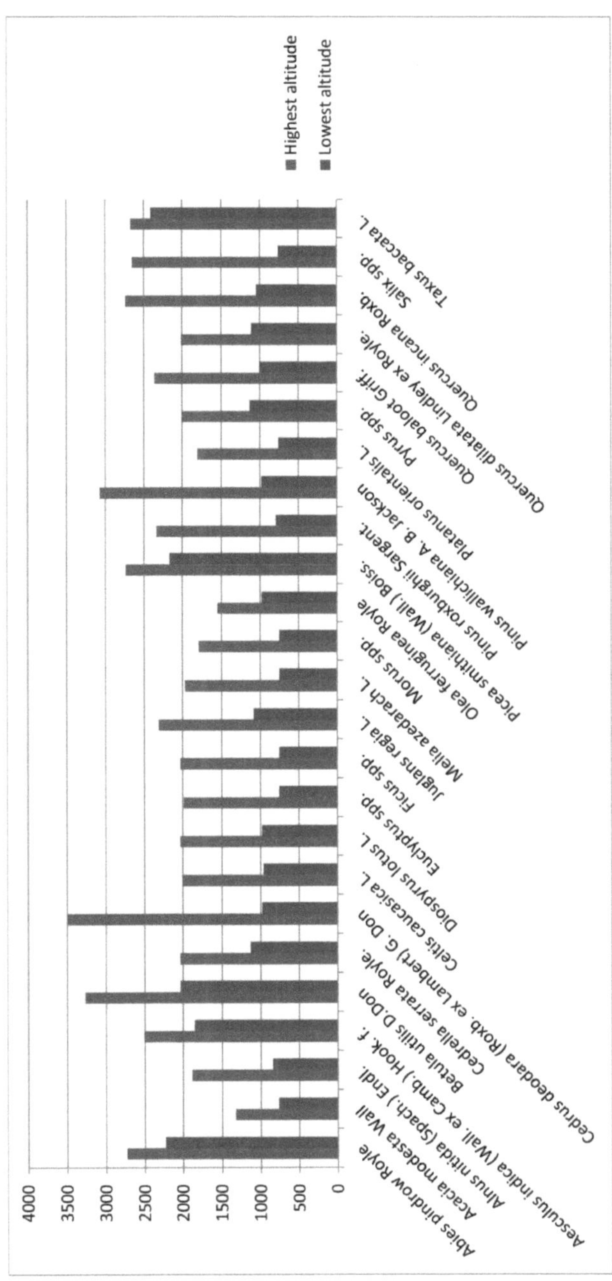

Figura 0.6. Variações altitudinais entre as espécies de árvores no distrito de Swat.

As espécies como *Acacia modesta, Eucalyptus spp., Ficus spp., Melia azedarach, Morus spp., Olea ferruginea, Platanus orientalis, Salix spp,* e *Pinus roxburghii* estão presentes abaixo dos 1000 m, no limite inferior da altitude na área de estudo, e a maioria delas não cresce acima dos 2000 m, com exceção de *Pinus roxburghii* e Salix spp. Também é muito claro na Figura 4.6 que três espécies, i.e. *Abies pindrow, Picea smithiana* e *Taxus baccata,* têm uma gama estreita de elevação, sendo assim propensas a variações de temperatura, e qualquer mudança significativa na temperatura terá um efeito devastador na sua densidade populacional.

4.4: Análise dos hotspots

A análise dos hotspots previstos no futuro com base em SIG produziu resultados muito interessantes. Os resultados mostram que muitas espécies terão menos hotspots em 2080 no cenário de alterações climáticas selecionado. A maioria dos hotspots encontrar-se-á nos limites ocidentais do Vale, perto e em redor das áreas de Sulatanr e Lalkoh (comparar Mapa 4.6 e 4.7). A maioria das espécies reduzirá a sua densidade e distribuição até 2080. Nalguns casos, a distribuição das espécies no Vale aumentará, mas é evidente, a partir dos mapas de hotspots, que a maioria das espécies terá uma densidade mais baixa, embora a sua distribuição possa aumentar.

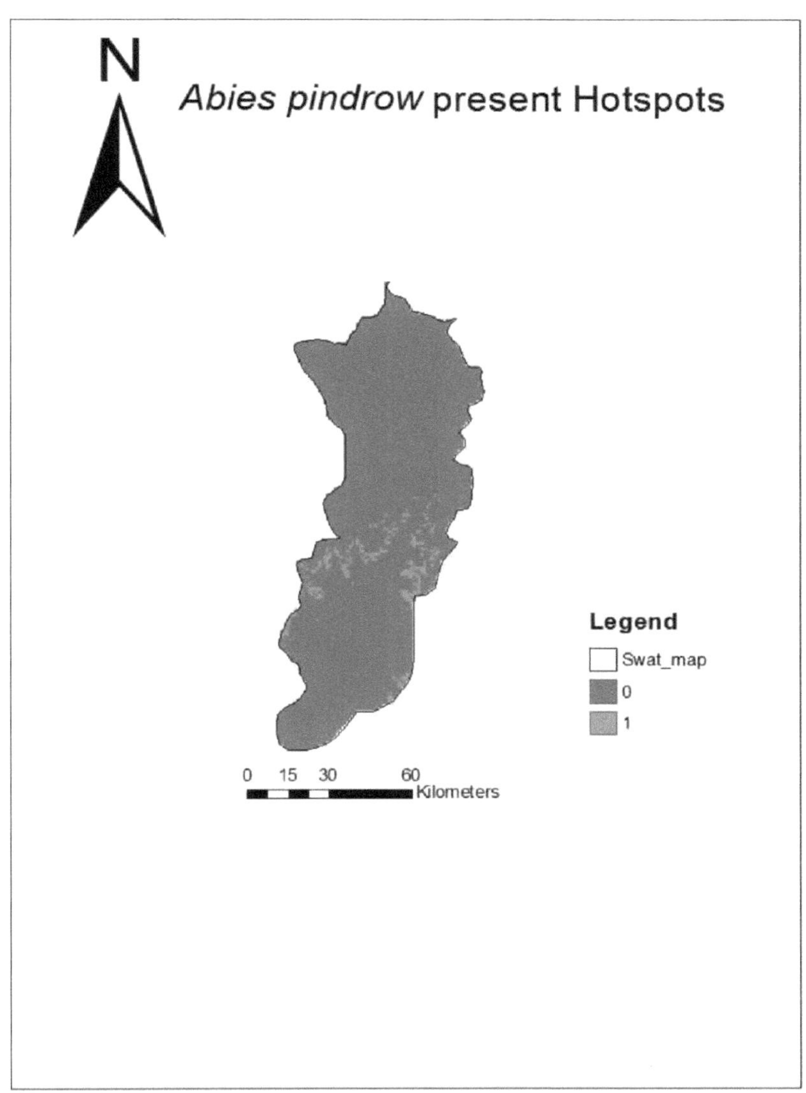

Mapa 4.6. Hotspots de *Abies pindrow* para a distribuição atual.

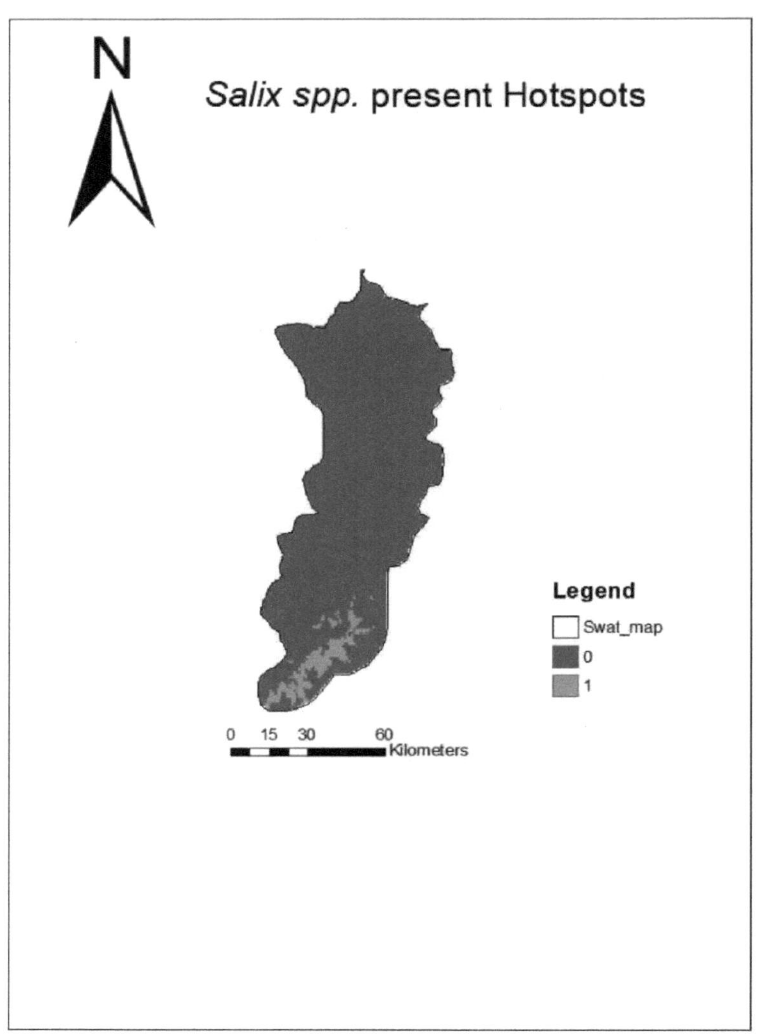

Mapa 4.7. Hotspots de *Salix spp.* para a distribuição atual.

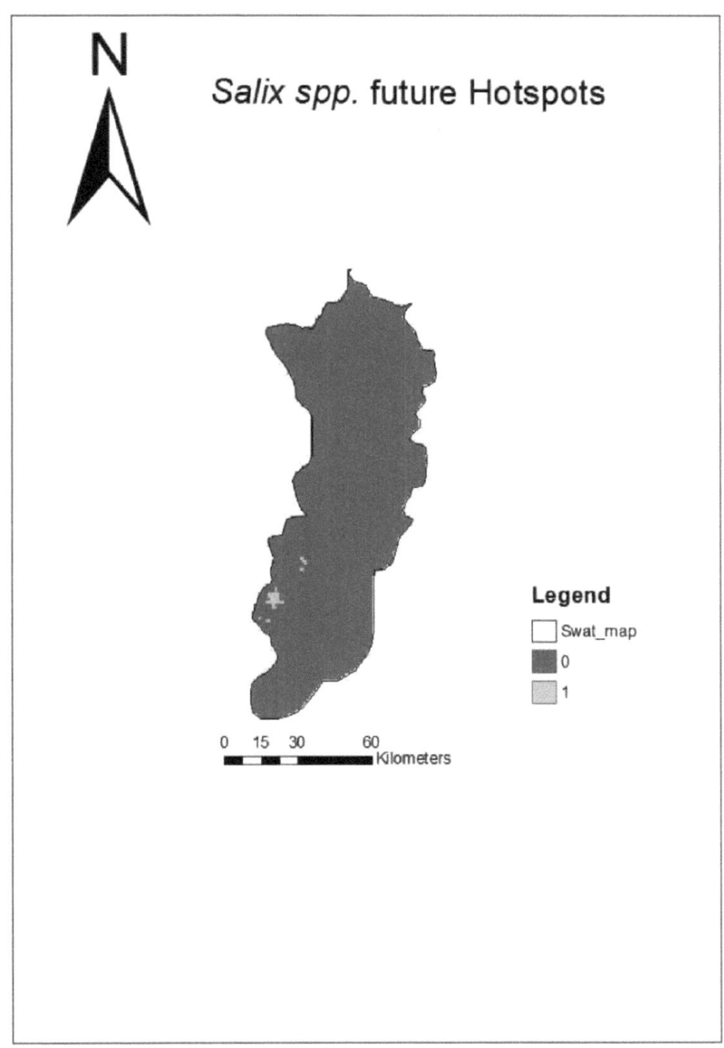

Mapa 4.8. Hotspots de *Salix spp.* para distribuição futura.

4.5: Mapeamento do uso do solo da cidade de Mingora

Uma observação visual da imagem composta a cores reais indica claramente as características importantes, tais como a cidade de Mingora, congestionada e sobrepovoada, no centro, o curso do rio Swat que passa no centro e uma pequena pista de aterragem do aeroporto na extremidade norte da cidade. As terras irrigadas da bacia hidrográfica do rio Swat são também reconhecíveis (ver figura 4.7).

Figura 4.7. Uma composição a cores reais da sub-cena em redor da cidade de Mingora, distrito de Swat.

Na imagem composta de falsa cor, a vegetação da área é representada em azul profundo a escuro, enquanto o curso do rio Swat pode ser visto como castanho e a área construída da cidade tem um aspeto cinzento claro a prateado.

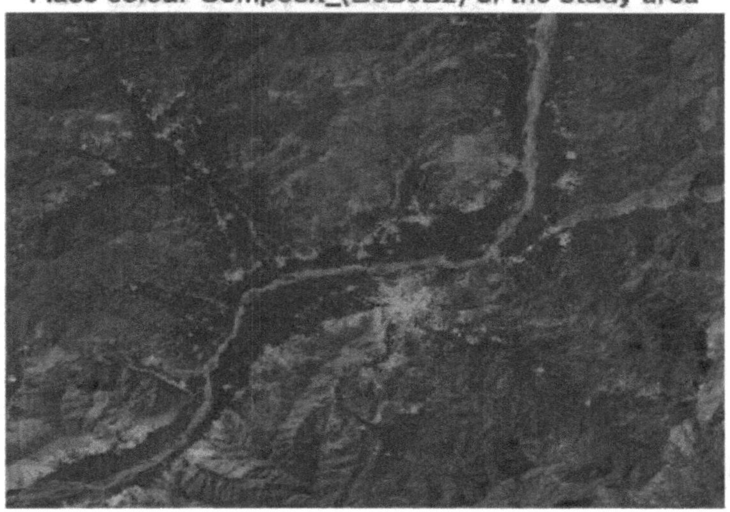

Figura 4.8. Uma composição de falsa cor da sub-cena em torno da cidade de Mingora, distrito de Swat.

Na imagem composta a cores arbitrária, em que foram utilizadas as bandas 2, 4 e 7, a vegetação é apresentada a verde claro, as massas de água, ou seja, o rio Swat, a azul profundo e os terrenos estéreis e a área construída a vermelho acastanhado.

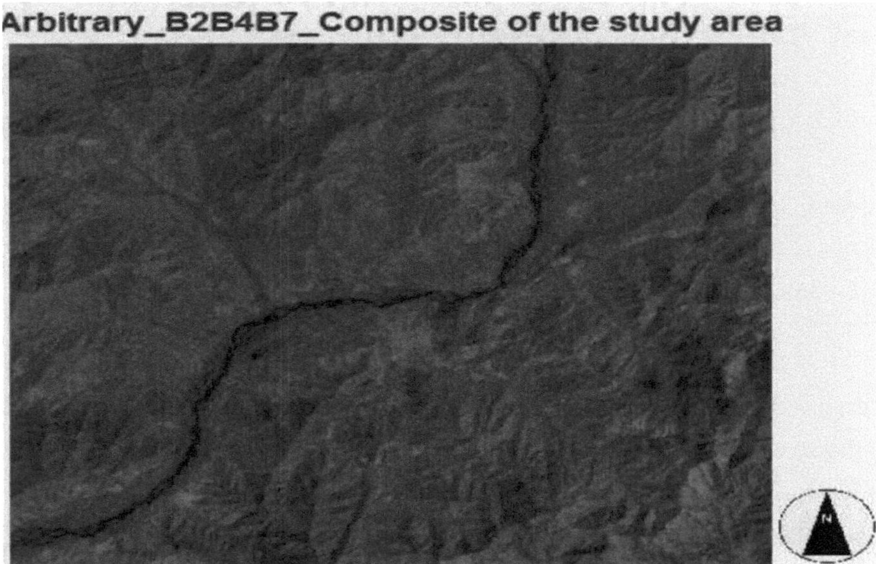

Figura 4.9 Uma composição de cores arbitrária (bandas, 2, 4 e 7) da sub-cena em torno da cidade de Mingora, distrito de Swat.

A análise da representação gráfica das diferentes bandas do espetro eletromagnético e do seu número digital para as classes de ocupação do solo mostra que as áreas construídas têm sempre uma reflectância elevada em todas as 5 bandas, especialmente na banda 4 que é o infravermelho próximo. As zonas verdes têm valores de reflectância baixos nas bandas 1, 2 e especialmente na banda 3 (luz vermelha) devido à absorção da luz vermelha pela fotossíntese. As massas de água apresentam uma reflectância intermédia nas três primeiras bandas, mas há uma queda significativa em b4 e b5 (ver Quadro 4.2). Isto significa que o infravermelho próximo e o infravermelho não são tão consideravelmente absorvidos pelas massas de água. Estas bandas também podem ser utilizadas para discriminar os teores de humidade no ar e no solo (ver Jackson, 1983; Jackson, et al. 1983).

Tabela 4.2. Landsat 4-5 Thematic Mapper (TM) e Landsat 7 Enhanced Thematic Mapper Plus (ETM+)

Band	Wavelength	Useful for mapping
Band 1 - blue	0.45-0.52	Distinguishing soil from vegetation and deciduous from coniferous vegetation
Band 2 - green	0.52-0.60	Emphasizes peak vegetation, which is useful for assessing plant vigour
Band 3 - red	0.63-0.69	Discriminates vegetation slopes
Band 4 - Near Infrared	0.77-0.90	Emphasizes biomass content and shorelines
Band 5 - Short-wave Infrared	1.55-1.75	Discriminates moisture content of soil and vegetation; penetrates thin clouds

Foi desenvolvida uma imagem de classificação não supervisionada de seis classes da cidade de Mingora e da área circundante. A imagem da classificação não supervisionada é inserida (ver Figura 4.10) e segue-se uma breve interpretação do resultado. Trata-se de uma tentativa de identificar a classe provável de ocupação do solo de cada uma das diferentes classes, considerada uma técnica útil na análise SIG (Hallum, 1993), especialmente nos países em desenvolvimento (Hamza, 1986).

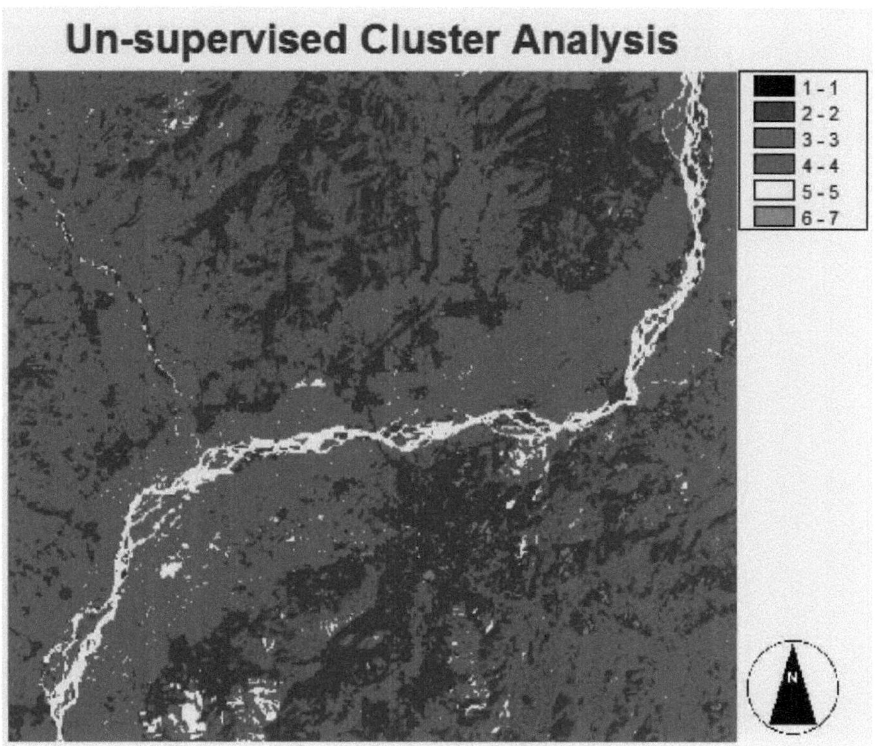

Figura 4.10. Análise de clusters não supervisionada da cidade de Mingora e arredores, distrito de Swat.

No total, foram desenvolvidas seis classes utilizando o método não supervisionado de análise de clusters na edição Idrisi Selva. Estas classes foram representadas por um código de cores distinto. Apenas quatro delas podem ser indubitavelmente atribuídas às suas respectivas categorias de uso do solo. Por exemplo, a classe 2 (cor azul) é uma representação clara e distinta de uma área construída ou de um terreno estéril. A pista de aterragem do aeroporto e os edifícios congestionados da cidade de Mingora estão claramente assinalados nesta classe. A classe 3 (cor púrpura/magenta) pode ser facilmente atribuída às plantas e ervas verdes da zona de estudo. A classe 4 (vermelho) pode ser atribuída às árvores gimnospérmicas, especialmente à população de *Pinus Wallichina*, que é uma planta nativa do vale e cujas manchas ainda existem nos cumes das montanhas (Ali, et al., 2013). A principal massa de água na área de estudo selecionada é o rio Swat, que é representado pela classe 4 (amarelo). As restantes duas classes, ou seja, 1 e 6, não podem ser claramente atribuídas a qualquer utilização específica do solo e necessitam de um exercício adicional de verificação no terreno, tal como sugerido por autores como Longley, et al. (2011) e Colwell (1974).

CAPÍTULO 5
CONCLUSÕES E DEBATE

5.1: Introdução

As regiões setentrionais do Paquistão, o vale do Swat e os seus arredores apresentam alguns dos ecossistemas mais gravemente degradados e ameaçados do país (GOP 2000). O risco não é apenas a perda de árvores das florestas, mas a perda de todos os microclimas que suportam todo o tipo de plantas medicinais e aromáticas úteis (PAM). A estimativa atual de MAPs presentes no Paquistão é de 700 (Shinwari, 2010). No mercado mundial, uma grande parte (mais de USS 9 813 000 por ano) (Lang, 2006) destas plantas medicinais e das receitas obtidas está ameaçada. Sendo signatário da Convenção sobre a Diversidade Biológica (CDB), o Paquistão tem a obrigação de proteger a sua flora e fauna da extinção e de cumprir os objectivos estabelecidos, que, infelizmente, raramente são atingidos.

Uma das províncias mais carenciadas do Paquistão, a seguir ao Baluchistão, é Khyber Pukhtun Khwa (anteriormente conhecida como NWFP: North West Frontier Province), que tem mais de 80% da população total a viver nas zonas rurais (Anon, 1998). A maioria tem um acesso muito limitado aos serviços de saúde modernos, por exemplo, 5928 pessoas partilham um médico de acordo com Khyberpakhtunkhwa (2008), um indicador de quantas pessoas dependem dos medicamentos tradicionais (etnomedicinas). Pode observar-se que as pessoas sem educação básica, que vivem nas zonas remotas da província, estão totalmente dependentes de remédios à base de plantas.

5.2: Conclusões e debates

As metas e os objectivos do projeto, definidos no Capítulo 1, são discutidos a seguir para avaliar a extensão dos resultados do projeto. O principal objetivo do projeto era a avaliação do estado de conservação de plantas importantes do distrito de Swat, no Paquistão, utilizando métodos SIG modernos.

Objetivo 1

O objetivo mais importante do projeto era modelar o impacto das alterações climáticas nas espécies de árvores importantes da zona, utilizando o SIG e software de modelação baseado em computador. A modelação das alterações climáticas das árvores é a primeira tentativa no distrito e provavelmente a segunda tentativa no país, uma vez que Ahmad et al. (2010b) e Subhan (2010) avaliaram a alteração das florestas em resultado das alterações climáticas num número muito reduzido de espécies. Isto abrirá uma nova área de investigação para os cientistas paquistaneses e beneficiará os planeadores da biodiversidade do Governo no futuro. Os modelos desenvolvidos para a maioria das espécies foram bons a altamente significativos, como confirmado pela medida dos valores AUC. Não só foram desenvolvidos modelos de distribuição preditiva actuais para 23 espécies de árvores, como também foram gerados modelos de distribuição preditiva futuros, a fim de compreender e comparar os riscos futuros da sua sobrevivência e localizar os seus nichos futuros para as proteger no futuro.

Foi utilizado o conhecido software de modelação Maxent (Phillips et al., 2006; Phillips e Dudik, 2008) para obter um maior grau de precisão e fiabilidade e para tornar os resultados viáveis para o Departamento Florestal e outras agências no seu futuro planeamento da conservação da área.

Pode concluir-se facilmente dos resultados da modelização Maxent que a maioria das espécies arbóreas da zona será afetada por uma alteração do clima, quer positivamente (por exemplo, aumento da distribuição potencial, quer negativamente, diminuição da distribuição potencial). Verificou-se que dez espécies terão uma distribuição potencial menor em 2080, enquanto algumas espécies apresentam uma extinção completa na zona.

Os resultados obtidos confirmaram que algumas plantas, como a Abies pindrow e a Picea smithiana, se deslocarão para as grandes altitudes a norte do vale, ao passo que o Pinus roxburghii tem uma gama muito limitada de tolerância à temperatura e não sobreviverá às futuras condições climáticas do vale, pelo que se extinguirá ou se deslocará para o distrito vizinho de Dir.

Objetivo 2

O segundo objetivo do estudo era cartografar todas as espécies de árvores seleccionadas com base na sua distribuição altitudinal na área de estudo, utilizando DEM. Esta é a primeira vez que alguém tentou cartografar as espécies de árvores do Vale no que respeita à sua variação na distribuição utilizando técnicas de cartografia SIG. Verificou-se que as árvores têm a sua gama altitudinal específica, o que foi confirmado pelos mapas SIG desenvolvidos. Os resultados foram muito interessantes e são de grande utilidade para qualquer biólogo que trabalhe na área. Os resultados obtidos serão divulgados e as pessoas poderão consultá-los no futuro para ver como as diferentes actividades antropogénicas estão a afetar a vegetação da área a uma escala temporal e espacial. Os dados são de particular importância para quem estuda os cenários de alterações climáticas e a cartografia da vegetação, bem como os seus efeitos no vale do Swat, em particular, e no Paquistão, em geral.

Objetivo 3

O terceiro objetivo era calcular o hotspot atual e futuro das plantas seleccionadas utilizando o ArcGIS. Este cálculo foi efectuado com base nos resultados da modelização e, por fim, foram realizadas as estimativas de extinção. Concluiu-se que as plantas interagem entre si e com o meio envolvente, formando assim uma estrutura particular de biodiversidade e moldando a paisagem. As plantas que se limitam a necessidades ambientais específicas podem correr o risco de se extinguirem devido à ameaça futura das alterações climáticas. As plantas que têm uma gama restrita de requisitos altitudinais teriam de se adaptar ao ambiente em rápida mutação numa determinada gama de altitudes e mostrarão uma resposta plástica.

Objetivo 4

O quarto e último objetivo era avaliar a utilização do solo da principal cidade do vale utilizando a ferramenta de classificação SIG. Foram desenvolvidas seis classes utilizando o método não supervisionado de análise de clusters na edição Idrisi Selva. Estas classes foram representadas por um código de cores distinto. Apenas quatro delas podem ser indubitavelmente atribuídas às respectivas categorias de uso do solo. Estas imagens classificadas podem ser exploradas no futuro para uma análise comparativa do uso do solo.

5.3: Discussão geral

A abordagem de modelação preditiva é a última tendência em diferentes áreas da ciência para abordar questões ecológicas, biogeográficas e de conservação das espécies (Peterson, 2007). Estão a ser utilizados diferentes modelos de distribuição de espécies (ver Capítulo 3, Quadro 3.1) (Guisan & Thuiller, 2005), alguns dos quais necessitam de dados de presença-ausência das espécies, enquanto outros são conhecidos por utilizarem apenas os "dados de presença" e não necessitarem de "dados de ausência" ou assumirem uma pseudo-ausência (por exemplo Soberon e Peterson, 2005; Phillips et al., 2006; Chaoui & Lobo, 2007); Hirzel e Le Lay, 2008; Jimenez- Valverde et al., 2008; Soberon & Nakamura, 2009; Lobo et al., 2010). Os modelos preditivos são considerados ferramentas úteis para a conservação das espécies, estimando as probabilidades de extinção das espécies devido às alterações climáticas (Thomas et al., 2004). Este tipo de programas integrativos liga os dados geoespaciais a informações baseadas nas espécies e ajuda-nos a identificar prioridades para acções de conservação (Scott et al., 1996).

O Maxent foi aplicado ao estudo porque utiliza dados "apenas de presença" e é conhecido por ser um método de modelação preditiva altamente preciso (Elith et al., 2006). Os valores AUC obtidos para as 25 espécies para os modelos de distribuição actuais indicam resultados altamente significativos para 21 espécies. O consenso geral sobre o valor AUC é que o modelo é "bom" se o valor for superior a 0,8, enquanto o valor superior a 0,9 é considerado altamente exato (Luoto et al., 2005).

Efeito de marcha das espécies

As espécies nunca se desenvolvem por si próprias (Hizrel e Le Lay, 2008) e interagem sempre com o seu ambiente, tanto físico como biológico. Algumas espécies são muito susceptíveis a alterações mínimas no clima, como Beigh et al. (2005) salientaram para o *Aconitum heterophyllum* na complexa região dos Himalaias. O presente estudo conclui também que algumas espécies, nomeadamente *Aesculus indica, Cedrella serrata, Cedrus deodara e Platanus orientalis,* não desaparecerão completamente, mas mudarão o seu habitat atual, pelo que a subflora dependente destas árvores terá de se deslocar ou extinguir.

Observa-se uma tendência geral de movimento altitudinal das espécies na região dos Himalaias do Hindu Kush, em consequência do aquecimento global ou das alterações climáticas. Dado que as partes setentrionais apresentam altitudes elevadas e são significativamente mais frias do que as partes meridionais da área de estudo, 11 espécies arbóreas apresentam a mesma tendência de deslocação para norte para uma futura distribuição previsível. O estudo confirma as conclusões de Song et al. (2004), que registaram o efeito das alterações climáticas nos movimentos para norte de algumas espécies de árvores. O estudo confirma o mesmo efeito em condições montanhosas semelhantes, com os mesmos géneros de árvores.

Associação de espécies e variáveis bioclimáticas

A análise das variáveis climáticas importantes indica que as espécies são afectadas pela bio-11 no modelo de distribuição atual, enquanto a bio-15 tem a maior influência na probabilidade de distribuição potencial das espécies nos modelos de distribuição futuros. A variável bioclimática bio-4 é a "sazonalidade da temperatura", o que significa que estas espécies ocupam atualmente a área atual devido a uma gama estreita de disponibilidade de temperatura na área e, assim que essa temperatura não se mantiver, a densidade das espécies diminuirá. Por outro lado, bio-15 é a "sazonalidade da precipitação" ou (coeficiente de variação); significa que Abies pindrow e Picea smithiana estão a receber a precipitação ideal numa determinada variação temporal. No entanto, essa tendência alterar-se-á com a mudança do clima, especialmente nos Himalaias de Hindu Kush, como explicam Ahmad et al. (2010b).

Os modelos de previsão são óptimas ferramentas para fornecer informações úteis sobre a distribuição das espécies, permitindo aos conservacionistas tomar decisões acertadas (Peterson et al., 2007). Mas e se estes modelos não forem suficientemente bons para prever com exatidão?

A utilização do SIG em estudos sobre a vegetação é um fenómeno recente (Stoms, 1992; Nilson et al., 2002). Kuchler (1956) falou pela primeira vez da possibilidade de utilização do sistema e das suas utilidades na cartografia da vegetação. Desde então, numerosos avanços tecnológicos tornaram possível o levantamento de uma vasta área de terreno com o clique de alguns botões e, em alguns casos, em tempo real. A diversidade floral é dependente e controlada por muitos factores, tais como: área (Rosenzweig, 1995); altitude (Rahbek, 1995); produtividade climática (Swift e Anderson, 1994); heterogeneidade da paisagem (Turner, 1987); estado de sucessão e perturbação (Osbornova et al., 1990; Huston, 1994; Bazzaz, 1996) e factores edáficos (Iverson etal., 1997).

No presente estudo, o DEM (Digital Elevation Model), também conhecido como Digital Terrain Model, foi utilizado para compreender o comportamento e a resposta das espécies vegetais entre si e aos factores ambientais. Há muito que se sabe que a elevação tem um papel significativo na distribuição das plantas (Rahbek, 1995; Zhao et al., 2006).

No distrito de Swat, verificou-se que algumas espécies têm um confinamento altitudinal muito específico, uma vez que estão provavelmente a receber a dose adequada de estímulos abióticos. As espécies de árvores, com base na sua presença e ausência num determinado local, foram pela primeira vez representadas em mapas no SIG para esta área. Os mapas temáticos úteis podem facilmente guiar aqueles que estão interessados em encontrar uma determinada espécie de árvore na área. Estes mapas podem ter uma variedade de utilizações para um conservacionista e botânico, desde a investigação de padrões ecológicos até ao planeamento do desenvolvimento económico.

5.4: Recomendações

A fim de preservar a biodiversidade, o primeiro passo seria compreender a biodiversidade; os regimes de perturbação, o nível de perturbação, as consequências das perturbações e o custo da perda de biodiversidade.

A flora dos Himalaias, em especial as florestas naturais, está sob a influência de vários tipos de perturbações, ou seja, geológicas (deslizamentos de terras, erosão dos solos, sismos) e antropogénicas (desflorestação, pastoreio, corte de ramos de árvores para várias utilizações, incêndios florestais) (Uniyal, et al., 2010). O distrito de Swat, que faz parte da série Himalaia-Hindukush, fornece os maiores recursos vegetais do país e está sujeito a vários tipos das ameaças à biodiversidade acima referidas. Alguns manuscritos recentes, na literatura recente, destacam os problemas: (Sher et al. 2010a, b); Alyemeni e Sher 2010; Hamayun, 2007, e Khan et al., 2007b).

Por último, verificou-se que todas as bolsas de vegetação do distrito de Swat sofrem de alguma forma de interferência humana. A solução poderia passar pela introdução de novas leis sobre a invasão de propriedade, pela mobilização e educação da comunidade, bem como pela satisfação das necessidades básicas da vida da população local. Outras recomendações são as seguintes: Recomenda-se vivamente a realização de mais investigações baseadas no SIG, para se obter uma melhor compreensão da interação sociocultural da sociedade e promover uma abordagem sustentável no domínio da etnobotânica. Isto poderia também significar a criação de um sistema local de processamento e de banco de dados SIG. Os dados devem ser disponibilizados gratuitamente para investigação académica e outros projectos de desenvolvimento comunitário.

A conservação deve ser considerada prioritária e deve ser o ponto principal de qualquer plano de desenvolvimento futuro da região. Através da criação de espaços selvagens, do desenvolvimento de parques nacionais e do estabelecimento de zonas florestais controladas, a biodiversidade da zona pode ser significativamente reforçada pela conservação in situ, o que pode trazer prosperidade à zona através da criação de mais emprego para a população.

Atualmente, não existem leis e procedimentos claros para o pastoreio de animais vivos; esta questão deve ser claramente elaborada pelo Departamento Florestal e a prática de pastoreio em locais alternativos deve ser aplicada. Numa rotação, as pastagens devem beneficiar de períodos de repouso de, pelo menos, um ano para recuperar. Deste modo, garantir-se-á a disponibilidade de pastagens sustentáveis e sempre verdes para o gado. Atualmente, não existem números fiáveis disponíveis sobre o gado em pastoreio. Estas estimativas são vitais e devem ser corretamente calculadas para uma melhor compreensão das pressões actuais e futuras sobre as pastagens do vale.

A divulgação dos conhecimentos culturais deve ser valorizada através de incentivos. Qualquer conhecimento que seja peculiar à região deve ser patenteado e os seus direitos protegidos. Isto, evidentemente, deve ser feito após uma avaliação adequada das receitas quanto às suas propriedades terapêuticas.

As plantas etno-medicinais devem ser estabelecidas como uma indústria com regulamentação adequada para a normalização e garantia de qualidade, desde a recolha ao transporte, armazenamento e venda, e todas as exportações do Vale devem ser registadas como marca registada do Swat. Isto não só estabelecerá uma reputação nacional, mas também internacional para os produtos à base de plantas do Vale e atrairá investidores para investirem na região.

Deve ser criada uma ala/departamento separada na recém-criada Universidade de Swat, que formará a futura geração de especialistas em SIG para os desafios futuros da ecologia de conservação do país em geral e os desafios do vale de Swat em particular.

LISTA DE LEITURA

Adnan, S. M., Khan, A. A., Latif, A. e Shinwari, K. Z. (2006). Threats to the sustainability of ethnomedicinal uses in Northern Pakistan (a case study of Miandam Valley, District Swat, NWFP, Pakistan). Lyonia, 11(2), 87-96.

Ahmad, F. (2007). Geo-informatics application to investigate agricultural potential in Cholistan desert. Journal ofFood Agriculture & Environment, 5, 310-314.

Ahmad, F. (2008). Aplicação de SIG para a gestão florestal em terras secas do Paquistão. Journal ofFood Agriculture & Environment, 6, 388-392.

Ahmad, G. (2001). Identificação de áreas florestais prioritárias na Cordilheira do Sal do Paquistão para o planeamento da conservação da biodiversidade utilizando a deteção remota e o SIG. Pakistan Journal ofForestry, 51, 21-40.

Ahmad, H. e R. Ahmed, (2004). Agroecologia e biodiversidade da área de captação do rio Swat. The Nucleus, 40(1-4), 67-75

Ahmad, I., & Qazi, T. N. (1999). Present status of geographic information system and remote sensing applications in Pakistan and their future prospects (Situação atual do sistema de informação geográfica e das aplicações de teledeteção no Paquistão e suas perspectivas futuras). Operational remote sensing for sustainable development.

Ahmad, I., Ahmad, M. S. A., Hussain, M., Ashraf, M., Ashraf, M. Y. & Hameed, M. (2010a). Spatiotemporal aspects of plant community structure in open scrub rangelands of sub-mountainous Himalayan plateaus. Pakistan Journal of Botany, 42, 3431-3440.

Ahmad, K., A. & Ahmad, A. (1976). Quantitative survey of medicinal plants in Rawalpindi, North Rawalpindi South and Murree Forest Divisions. Pakistan Journal ofForestry, 26, 14-20.

Ahmad, K., Valeem, E., Khan, E., Ashraf Z. I. M., & Hussain, M. (2009c). A preciosa flora indígena do Vale de Soone, Punjab, Paquistão, está a sofrer ameaças inquietantes. International Journal ofPsychology and Phytochemistry, 5, 41-48.

Ahmad, M., Khan, M. A., Zafar, M. & Sultana, S. (2007). Tratamento de doenças comuns com remédios à base de plantas entre a população do distrito de Attock (Punjab), no norte do Paquistão. Jornal Africano de Medicamentos Tradicionais Complementares e AltemativeMedicines, 4, 112-120.

Ahmad, M., Qureshi, R. A., Khan, M. A. & Saqib, M. (2003). Estudo etnobotânico de algumas plantas cultivadas da região de Chach (Distrito-Attock) Paquistão. Scientific Khyber, 16, 109-121.

Ahmad, M.-U.-D., Stein, A. & Bastiaanssen, W. G. M. (2004). Estimativa das entregas desagregadas de água dos canais no Paquistão utilizando a geomática. International Journal of Applied Earth Observation and Geoinformation, 6, 63-75.

Ahmad, S. S., Sherazi, A. & Shah, M. T. A. (2010b). A preliminary study on climate change causing decline in forest cover area in District Chakwal, Pakistan. Pakistan Journal ofBotany, 42, 3967-3970.

Ahmad, Z., Ashraf, A., Fryar, A. & Akhtar, G. (2011). Utilização composta de modelação numérica do fluxo de águas subterrâneas e técnicas de geoinformática para monitorizar o aquífero da bacia do Indo, Paquistão. Monitorização e Avaliação Ambiental, 173, 447-457.

Ahrens, C., Chung, J., Meyer, T. & Auer, C. (2011). Levantamentos de distribuição de erva-das-pampas e mapas de adequação de habitat apoiam a avaliação de risco ecológico em paisagens culturais. Weed Science, 59,145-154.

Alahuhta, J., Heino, J. & Luoto, M. (2011). Climate change and the future distributions of aquatic macrophytes across boreal catchments. Journal of Biogeography, 38, 383-393.

Alam, N., Shinwari, Z. K., Ilyas, M. & Ullah, Z. (2011). Conhecimento indígena de plantas medicinais do vale de Chagharzai, distrito de Buner, Paquistão. Pakistan Journal ofBotany, 43, 773-780.

Ali, K. F. & De Boer, D. H. (2008). Factores que controlam a produção específica de sedimentos na bacia superior do rio Indo, no norte do Paquistão. Hydrological Processes, 22, 31023114.

Ali, K., Ahmad, H., Khan, N. & Jury, S. (2013). Compreender o domínio etno-cultural do Vale do Swat, norte do Paquistão. Revista Internacional de Investigação Avançada

(2013), Volume 1, Número 8, 223-239.

Ali, K., Ahmad, H., Khan, N. & Jury, S. (2014). Futuro de Abies pindrow no distrito de Swat, norte do Paquistão. Journal ofForestry Research, 25, 211-214.

Ali, S. & Malik, R. (2011). Distribuição espacial de metais em solos de topo da cidade de Islamabad, Paquistão. Monitorização e Avaliação Ambiental, 172, 1-16.

Ali, S. I. e M. Qaiser. (1986). Análise fito-geográfica de fanerógamas do Paquistão e Caxemira. Proc. Royal Society ofEdinburgh, 89B:89-101.

Ali, S. I. e M. Qaiser. (1986). Análise fito-geográfica de fanerógamas do Paquistão e Caxemira. Proc. Royal Society ofEdinburgh, 89B:89-101.

Alyemeni, M. N. & Sher, H. (2010). Impacto da pressão humana na estrutura populacional de Persicaria amplexicaule, Valeriana jatamansi e Viola serpens, as plantas medicinais de crescimento natural em Malam Jaba, Swat, Paquistão. Journal ofMedicinal Plants Research, 4, 2080-2091.

Anónimo (1998). Relatório do recenseamento distrital de Swat. PCO, Governo do Paquistão disponível em linha   :

http://www,khyberpakhtunkhwa.gov.pk/Goservices/downloads.php. (Acedido em: 10/10/2010).

Antoine, G., Jean-Paul, T. e Felix, K. (1998). Previsão da distribuição potencial de espécies vegetais num ambiente alpino. Journal of Vegetation Science, 9, 6574.

Archer, G. R. & Isrse, I. (1998). Monitoring the dynamics of forest and land cover change in Pakistan: Perspectivas de sustentabilidade derivadas de dados de fotografia aérea, SPOT, Landsat, AVHRR e GIS. 27º Simpósio Internacional sobre Deteção Remota do Ambiente, Actas: Informação para a Sustentabilidade.

Armsworth, P. R., Kendall, B.E., Davis F. W. (2004). Uma introdução aos conceitos de biodiversidade para economistas ambientais. Economia dos Recursos e da Energia, 26, 115-136

Arora, K. (2010). Sustainable management of the tropical forests through indigenous knowledge: a case study of Shompens a great Nicobar iseland.Indian Journal of traditional knowledge, 9(3), 551-561

Balala, A. Q. (2000). The Charming Swat. Maqsood Publishers, Lahore.

Bastiaanssen, W. G. M. & Ali, S. (2003). Um novo modelo de previsão do rendimento das culturas baseado em medições por satélite aplicado na bacia do Indo, Paquistão. Agriculture, Ecosystems & Environment, 94, 321-340.

Bazzaz, F.A. (1996). Plantas em ambientes em mudança: Linking physiological, population and community ecology. Cambridge University Press, Cambridge.

Begum, H. A., Muhib Jan, M. & Hussain, F. (2005). Estudos etnobotânicos sobre algumas plantas medicinais de Dehri Julagram Malakand Agency, Paquistão. International Journal ofBiology and Biotechnology, 2, 597-602.

Belsky, A.J., Amundson, R.G., Duxbury, J. M., Riha, S. J., Ali, A.R. & Mwonga, S.M. (1989). Os efeitos das árvores nos seus ambientes físicos, químicos e biológicos numa savana semi-árida no Quénia. Jornal de Ecologia Aplicada, 26, 1005-1024.

Boyd, D. S. (2009). Remote sensing in physical geography: a twenty-hrst century perspective (Deteção remota em geografia física: uma perspetiva do século XXI). Progress in Physical Geography 33, 451-456.

Broadmeadow, M. S. J., Ray, D. & Samuel, C. J. A. (2004). Climate change and the future for broadleaved tree species in Britain (Alterações climáticas e o futuro das espécies arbóreas de folha larga na Grã-Bretanha). Forestry, 78, 145-161.

Brook, B.W., Sodhi, N.S., Ng, P. K. L., (2003). Catastrophic extinctions follow deforestation in Singapore. Nature, 424, 420-423.

Brunt, J.W., Servilla, M.S., Gil, I.S., Costa, D.B. (2007). Dehning e avaliação da qualidade dos dados em sistemas de informação ecológica online. Resumos da Reunião Anual da Sociedade Ecológica da América

Butler, D. (2006). Globos virtuais: o mundo da web. Nature, 439, 776-778

Butler, M.S. (2004). O papel da química dos produtos naturais na descoberta de medicamentos. Journal ofNatural Products 67 (12), 2141-2153.

Chaoui, K. L. e Robert, A. (2009). "Competitive Cities and Climate Change", OCDE, Regional Development Working Papers OECD publishing, © OCDE.

Cherrill, A.J., C. McClean, P. Watson, K. Tucker, S.P. Rushton, e R. Sanderson (1995). Previsão da distribuição de espécies vegetais à escala regional: uma abordagem modelo de matriz hierárquica. Landscape Ecology, 10, 197-207.

Chorley, R.R.E. (1987). Handling geographic Information. Report of the Committee ofInquiry into Handling Geographic Information, LondomHMSO.

CIA World Fact book, (2011). Disponível online: https://www.cia.gov/library/publications/the-world-factbook/rankorder/2147rank.html?countryName=Pakistan&countryCode=pk ®ionCode=sas&rank=36#pk visitado em: 09/07/2011.

Clark, D. A. (1998). Decifrando mosaicos de paisagem de árvores neotropicais: O SIG e a amostragem sistemática fornecem novas perspectivas sobre a diversidade das florestas tropicais. Anais do Jardim Botânico do Missouri. 85(1), 18-33

Collins, W. D., Ramaswamy, V., Schwarzkopf, M. D., Sun, Y., Portmann, R. W., Fu, Q., Casanova, S. E. B., Dufresne, J. L., Fillmore, D. W., Forster, P. M. D., Galin, V. Y., Gohar, l. K., Ingram, W. J., Kratz, D. P., Lefebvre, M. P., Li, j., Marquet, P., Oinas, V., Tsushima, Y., Uchiyama, T. & Zhong, W. Y. (2006). Radiative forcing by well-mixed greenhouse gases: Estimates from climate models in the Intergovernmental Panel on Climate Change (IPCC) Fourth Assessment Report (AR4). Journal of Geophysical Research, 111, D14317.

Colwell, J. E. (1974). Vegetation canopy reflectance: Remote Sens. Environ. 3:175183.

Curran, P.J., Dash, J., Lankester, T., Hubbard, S., (2007). Global composites of the MERIS terrestrial chlorophyll index. International Journal of Remote Sensing 28, 3757-3758.

Davis, F.W., Stoms, D.M., Estes, J.E. e Scepan, J. (1990). Uma abordagem dos sistemas de informação para a preservação da diversidade biológica. International Journal of

Geographic Information System, 4, 55-78.

Dawson, T.E. & Ehleringer, J.R. (1993). Isotopic enrichment of water in the "woody" tissue of plants: implications for plant water source, water uptake, and other studies which use the stable isotopic composition of cellulose. Geochim. Cosmochim. Ata, 57, 3487-3492.

Diaz, S., Lavorel, S., de Bello, F., Quetier, F., Grigulis, K., & Robson, T.M. (2007). Incorporação dos efeitos da diversidade funcional das plantas nas avaliações dos serviços ecosistémicos. Proceedings of the National Academy of Sciences of the United States ofAmerica 104, 20684-20689.

Douglas, G. W. & Bliss, L. C. (1977). Alpine and high subalpine plant communities of the North Cascades Range, Washington and British Columbia. Ecological Monographs, 47, 113-150.

Elith, J., Graham, C. H., Anderson, R. P., Dudik, M., Ferrier, S., Guisan, A., Hijmans, R. J., Huettmann, F., Leathwick, J. R., Lehmann, A., Li, J., Lohmann, L. G., Loiselle, B. A., Manion, G., Moritz, C., Nakamura, M., Nakazawa, Y., Overton, J. McC., Peterson, A. T., Phillips, S. J., Richardson, K. S., Scachetti-Pereira, R., Schapire, R. E., Sobero' n, J., Williams, S., Wisz, M. S. e Zimmermann, N. E. (2006). Novos métodos melhoram a previsão da distribuição das espécies a partir de dados de ocorrência. Ecography, 29: 129-151.

FAO (2001). Avaliação global dos recursos florestais 2000. Relatório principal disponível online: www.fao.org/ (acedido: 18/09/2010)

FAO (2011). Estado das florestas do mundo. Organização das Nações Unidas para a Alimentação e a Agricultura, Roma, 2011

Frankline, J.F. (1993). Preservação da Biodiversidade: espécies, ecossistemas ou paisagens? Ecological Applications, 3, 202-205.

Genetic Engineering News, (1997). "A Alemanha passa para a vanguarda da indústria europeia de medicamentos à base de plantas". 17(8),14.

GMTD: Global Multiple Terrain Model (2010). Online, disponível em:

http://topotools.cr.usgs.gov/GMTED_viewer/ (2010) acedido em: 29/12/2011.

GOP (2000). Biodiversity action plan for Pakistan (Plano de ação para a biodiversidade no Paquistão). Governo do Paquistão, World Wide Fund for Nature, Paquistão e União Internacional para a Conservação da Natureza e dos Recursos Naturais, Paquistão.

GOP (2008). Diretor das Estatísticas Agrícolas, NWFP, e Peshawar Governo do Paquistão, disponível em linha http://www.khyberpakhtunkhwa.gov.pk/Departments/BOS/nwfpdev-statis-cropacreage-tab-15.php (acedido: 14/08/2011)

GOP (Governmnet of Pakistan) (1998). Relatório do recenseamento distrital de Swat. PCO, Governo do Paquistão disponível em linha : http://www,khyberpakhtunkhwa.gov.pk/Goservices/downloads.php. (Acedido em: 10/10/2010).

Graham, C. H., Ferrier, S., Huettman, F., Moritz, C. & Peterson, A. T. (2004). Novos desenvolvimentos na informática baseada em museus e aplicações na análise da biodiversidade. Tendências em Ecologia e Evolução, 19, 497-503.

Grainger, A. F. (1993). Controlling Tropical deforestation. Earthscan, Londres.

Gret-Regamey, A, Bishop, I. D, e Bebi, P. (2007). Previsão do valor de beleza cénica de alterações paisagísticas cartografadas numa região montanhosa utilizando SIG. Planeamento Ambiental B 34: 50-67

Guirado M, Pino J, Roda F, C. Basnou. (2008). A cobertura de Quercus e Pinus é determinada pela estrutura e dinâmica da paisagem em manchas florestais periurbanas do Mediterrâneo. Ecologia Vegetal, 194 (1), 109-119.

Guisan, A. & Theurillat, W. (2005). Predicting species distribution: offering more than simple habitat models. Ecology Letters, 8, 993-1009.

Guisan, A. & Zimmermann, N. E. (2000). Modelos preditivos de distribuição de habitat em ecologia. Ecological Modelling, 135, 147-186.

Hallum, C. (1993). Uma estratégia de deteção de alterações para a monitorização de tipos de cobertura vegetal e de uso do solo utilizando dados de satélite obtidos por deteção remota: Remote Sens. Environ.,43:171-177.

Hamayun, M. & Khan, S. A. (2006). Estudos sobre as utilizações tradicionais de alguns arbustos medicinais de Swat Kohistan, Paquistão. Ata Botanica Yunnanica, 28, 665-668.

Hamayun, M. (2007). Utilizações tradicionais de algumas plantas medicinais do Vale do Swat, Paquistão. Indian Journal ofTraditional Knowledge, 6, 636-641.

Hamayun, M., Khan, S. A., Kim, H.-Y., Na, C. I. & Lee, I. J. (2006). Traditional knowledge and ex situ conservation of some threatened medicinal plants of Swat Kohistan, Pakistan (Conhecimento tradicional e conservação ex situ de algumas plantas medicinais ameaçadas do Swat Kohistan, Paquistão). International Journal ofBotany, 2, 1811-9700.

Hamza, A. (1986). Deteção remota para países em desenvolvimento: A case study ofTunisia, Int. J. ofRemote Sensing, 7(2):283-286.

Harley, C.D.G., Hughes, A.R., Hultgren, K.M., Miner, B.G., Sorte, C.J.B., Thornber, C.S., Rodriguez, L.F., Tomanek, L., Williams, S.L., (2006). Os impactos das alterações climáticas nos sistemas marinhos costeiros. Ecology Letters 9 (2), 228-241.

Hazrat, A., Nisar, M., Shah, J. & Ahmad, S. (2011). Estudo etnobotânico de algumas plantas de elite pertencentes a Dir, Kohistan Valley, Khyber Pukhtun Khwa, Paquistão. Pakistan Journal ofBotany, 43, 787-795.

Helmuth, B., Broitman, B.R., Blanchette, C.A., Gilman, S., Halpin, P., Harley, C.D.G., O'Donnell, M.J., Hofman, G.E., Menge, B., Strickland, D., (2006b). Mosaic patterns of thermal stress in the rocky intertidal zone: implications for climate change. Ecological Monographs 76 (4), 461-479

Helmuth, B., Mieszkowska, N., Moore, P., Hawkins, S.J., (2006a). Living on the edge of two changing worlds: forecasting the responses of rocky intertidal ecosystems to climate change. Annu. Rev. Ecol. Evol. Syst. 37 (1), 373-404.

Hijmans, R. J., Cameron, S. E., Parra, J. L., Jones, P. G., e Jarvis, A. (2005). Superfícies climáticas interpoladas de muito alta resolução para áreas terrestres globais. International Journal of Climatology 25 (15), 1965-1978.

Hirzel, A. H. & Le Lay, G. (2008). Modelação da adequação do habitat e teoria do nicho. Journal of Applied Ecology, 45, 1372-1381.

Holdgate, M. (1996). O significado ecológico da diversidade biológica. Ambio, 25, 406-416.

Hopking, G. M. (1958). Plantas Medicinais do Paquistão. T. Qual. Plantarium Mater. Veg. 5: 145-153, In Shinwari, Z. K. (2010). Pesquisa de plantas medicinais no Paquistão. Journal ofMedicinal Plants Research, 4,161-176.

Hussain, A., Khan, M. N., Iqbal, Z. & Sajid, M. S. (2008). Uma descrição do anti-helméntico botânico utilizado nas práticas veterinárias tradicionais em Sahiwal

distrito de Punjab, Paquistão. Journal ofEthnopharmacology, 119, 185-190.

Huston, M. (1994). Biological Diversity: The Coexistence of Species on Changing Landscape. Cambridge University Press, Nova Iorque

IEA, UNDP & UNIDO (2010). Pobreza energética: Como tornar universal o acesso à energia moderna? Paris, França, Agência Internacional da Energia.

IPCC (Painel Intergovernamental sobre as Alterações Climáticas), (2007). Impactos das alterações climáticas, adaptação e vulnerabilidade. Contribuição do grupo de trabalho II para o quarto relatório de avaliação do Painel Intergovernamental sobre as Alterações Climáticas (IPCC). Cambridge University Press, Cambridge, Reino Unido.

IUCN (2010). Resumo das categorias da Lista Vermelha para todas as classes e famílias de plantas
http://www.iucnredlist.org/documents/summarystatistics/2010_3RL_stats_tabl e_4b.pdf. (acedido em: 09/2010)

Iverson, L. R., E.D. Martin, C.T. Scott e A. Prasad, A GIS-derived integrated moisture index to predict forest composition and productivity of Ohio (U.S.A.).Landscape Ecol., 12 (1997), pp. 331-348.

Iverson, L.R., e A. Prasad (1998). Estimativa da biodiversidade regional de plantas e modelação SIG. Diversity and Distributions, 4, 49-61.

Jackson, R. D. (1983). Índices espectrais no espaço n: Remote Sens. Environ. 13:409421.

Jackson, R. D., P. N. Slater, e P. J. Pinter Jr. (1983). Discriminação do crescimento e do stress hídrico no trigo por vários índices de vegetação através de atmosferas claras e turvas: Remote Sens. Environ. 13:187-208.

Jarnevich, C. S., Holcombe, T. R., Barnett, D. T., Stohlgren, T. J. & Kartesz, J. T. (2010). Previsão da distribuição de ervas daninhas utilizando dados climáticos: A GIS early warning tool. Ciência e Gestão de Plantas Invasoras, 3, 365-375.

Jarvis, A., Williams, K., Williams, D., Guarino, L., Caballero, P. J. & Mottram, G. (2005). Utilização do SIG para otimizar uma missão de recolha de um pimento selvagem raro (Capsicum flexuosum Sendtn.) no Paraguai. Genetic Resources and Crop Evolution, 52, 671-682.

Jimenez-Valverde, A., Barve, N., Lira-noriega, A., Maher, S. P., Nakazawa, Y., Pape§, M., Soberon, J., Sukumaran, J. & Peterson, A. T. (2007). Influências climáticas dominantes na distribuição de aves na América do Norte. Global Ecology and Biogeography, 20, 114-118.

Jones, P.G., S.E. Beebe, J. Tohme, W.G. Nicholas (1997). A utilização de GIS na exploração e conservação da biodiversidade. Biodiversity and Conservation, 6, 947-958.

Jose, S., Allen, SC & Nair, P.K. R. (2008). Interacções entre árvores e culturas: lições do sistema de culturas em faixas temperadas. 15-36 In: D.R Batish, R.K. Kohli, S. Jose & HP Sing (eds.) Ecological Basis of Agroforestry. CRC Press, Boca Raton, Flórida.

Julien, Y. e J. A. Sobrino, (2009). Tendências globais da fenologia da superfície terrestre a partir da base de dados GIMMS. International Journal ofRemote Sensing, 30, 3495-3513.

Kadmon, R., Farber, O. & Danin, A. (2004). Efeito do enviesamento da berma da estrada na exatidão dos mapas preditivos produzidos por modelos bioclimáticos. Ecological Applications, 14,401-413.

Kaimowitz, D., e Sheil, D. (2007). Conserving what and for whom? why conservation should help meet basic human needs in the tropics. Biotropica 39(5), 567-574.

Kala, C. P. (2005). Indigenous uses, population density, and conservation of threatened medicinal plants in protected areas of the Indian Himalayas. Conservation Biology 19(2), 368-378

Kearns, F. R., M. Kelly, e K. A. Tuxen. (2003). Everything happens somewhere: using webGIS as a tool for sustainable natural resource management. Frontiers in Ecology and the Environment 1: 541-548.

Khalil, H. (1986). Swat Nama, O Khushal Khan Khattak (Pashto). Markazee Khushal Adabi wa Saqafati Jirga, Akora Khatak, Paquistão.

Khan M., (1955). The genus Eucalyptus. its Past and future in West Pakistan, Pakistan Journal ofForestry, 9-15.

Khan, A. (2001). Estudos etnobotânicos do monte Elum, distrito de Bunir, M. Phil.

Tese (não publicada), Departamento. Ciências Biológicas, QUA, Islamabad.

Khan, A. A. & Zaidi, S. H. (1991). Perspectivas de cultivo de Mentha arvensis L. em Peshawar. Pakistan Journal ofForestry, 41, 170-173.

Khan, N. M., Rastoskuev, V. V., Sato, Y. & Shiozawa, S. (2005). Avaliação da degradação de terrenos hidrossalinos através de uma abordagem simples de indicadores de deteção remota. Gestão da Água Agrícola, Gestão da Água Agrícola 77 (2005) 96-109

Khan, S. D., Mahmood, K. & Casey, J. F. (2007a). Mapeamento do complexo ofiolítico Muslim Bagh (Paquistão) usando novos dados de deteção remota e de campo. Journal of Asian Earth Sciences, 30, 333-343.

Khan, S. M., Ahmad, H., Ramzan, M. & Jan, M. M. (2007b). Recursos vegetais etnomedicinais do vale de Shawar. Jornal Paquistanês de Ciências Biológicas, 10, 17436.

Korner, C. (1999). Alpine plant life: functional plant ecology of high mountain ecosystems. Springer-Verlag, Berlim.

Krabach, T. (2000). Tecnologia inovadora de sensores para a exploração espacial no século XXI. Actas da Conferência Tecnológica IEEE 2000, 565-569.

Kuchler, A. W. (1956). Classificação e objetivo dos mapas de vegetação. Geographical Review, 46, 155-167.

Kummer, D. (1991). Deforestation in the Post-war Philippines (Desflorestação nas Filipinas do pós-guerra). Universidade de Chicago, IL.

Lange, D. (1998). Europe's medicinal and aromatic plants: their use, trade and conservation. TRAFFIC International, Cambridge.

Lange, D. (2006). International trade in medicinal and aromatic plants, actors, volume, and commodities In: R.J. Bogers, L.E. Craker, e D. Lange (eds.), Medicinal and Aromatic plants. Actas. Workshop Frontis sobre Plantas Medicinais e Aromáticas, Universidade de Wageningen, Países Baixos, 17-20 de abril de 2005. Núcleo de especialização estratégica da Universidade e Centro de Investigação de Wageningen, Wageningen 155-170

Lindholm, C. (1979). Política contemporânea numa sociedade tribal: Distrito de Swat, NWFP, Paquistão. Asian Survey, 19(5), 485-505.

Lobo, F., Espinoza, R.E. & Quinteros, A.S. (2010) Uma revisão crítica e discussão sistemática das recentes propostas de classificação para lagartos liolaemídeos. Zootaxa, 2549, 1-30.

Longley, A. P., Goodchild, M. F., Maguire, J. D., e Rhind, W. D. (2011). Geographic Information System and Science (Sistema de informação geográfica e ciência). John Wiley & Sons, Inc. EUA.

Luoto, M., Poyry, J., Heikkinen, R. K., e Saarinen, K. (2005). Uncertainty of Bioclimate envelope models based on the geographical distribution of species. Global Ecology and Biogeography 14(6), 575-584.

Luoto, M., Toivonen, T. & Heikkinen, R. K. (2002). Previsão da riqueza total e rara de espécies vegetais em paisagens agrícolas a partir de imagens de satélite e dados topográficos. Landscape Ecology, 17, 195-217.

Martinez, I., F. Carreno, A. Escudero, A. Rubio. (2006). As espécies de líquenes ameaçadas estão bem protegidas em Espanha? Eficácia de uma rede de áreas protegidas. Biological Conservation, 133, 500-511.

Mason N. W. H., Mouillot D., Lee W. G. & Wilson, J. B. (2005). Riqueza funcional, uniformidade funcional e divergência funcional: os componentes primários da diversidade funcional. -Oikos 111, 112-118.

May, R. M. (1988). How many species are there on the earth? Science 241(4872), 1441-1449.

McCarthy, J. P. (2001). Review: Ecological Consequences of Recent Climate Change. ConservationBiology, 15(2), 320-331.

McKenzie, D. e C.B. Halpern (1999). Modelação da distribuição de espécies arbustivas nas florestas do noroeste do Pacífico. Forest Ecology and Management, 114, 293-307.

Meentemeyer, R., Rizzo, D., Mark, W. & Lotz, E. (2004). Mapeamento do risco de estabelecimento e propagação da morte súbita do carvalho na Califórnia. Forest Ecology and Management, 200, 195-214.

Avaliação Ecossistémica do Milénio, (2005). Os ecossistemas e o bem-estar humano:

Monitoring of changes related to natural and manmade hazards using space technology, COSPAR. Publicado por Elsevier Ltd, 33, 333-337.

Mishra, Y. (1972). The Hindu Sahis of Afghanistan and the Punjab, A.D. 865-1026 (Pattna: Sm. Sushila Devi, 89

Motohka, T., Nasahara, K.N., Miyata, A., Mano, M., Tsuchida, S., (2009). Avaliação da deteção remota ótica por satélite para a fenologia do arrozal na Ásia das monções, utilizando um conjunto de dados contínuos in situ. International Journal ofRemote Sensing, 30, 4343-4357.

Munoz, M. E. D, de, Giovannir, de Siqueira M. F., Sutton, T., Brewer, P., Pereira, R.

5.1, Canhos, D. A. L., Canhos, V. P. (2011). OpenModeller: uma abordagem genérica à modelação da distribuição potencial de espécies. Geoinformatica 15: 111-135,

Mutke, J., G. Kier, G. Braun,, Chr. Schultz e W. Barthlot (2001). Padrões de diversidade de plantas vasculares africanas: A GIS based analysis. Systematic and Geography ofPlants, 71(2), 1125-1136.

Muturi, G. M., Mohren, G. M. J. & Kimani, J. N. (2009). Previsão da invasão de espécies de Prosopis no Quénia utilizando técnicas de sistemas de informação geográfica. African Journal ofEcology, 48, 628-636.

Nasi, R., Wunder, S. & Campos A, J. J. (2002). Serviços ecossistémicos florestais: Can they pay our way out of deforestation? Bogor, Indonésia, Documento de discussão preparado para o GEF para a Mesa Redonda sobre Florestas, UNFF II, Costa Rica, 11 de março de 2002. Bogor, Indonésia: CIFOR, 29 pp.

Neilson, R. P., Pitelka, L. F., Solomon, A. M., Nathan, R. A. N., Midgley, G. F., Fragoso, J. S. M. V., Lischke, H. & Thompson, K. E. N. (2005). Previsão da migração regional e global de plantas em resposta às alterações climáticas. Bioscience, 55, 749-759.

Newing, H (2010). 'Qualitative analysis' in Newing, H., Eagle, C., Puri, R., Watson, C., Conducting research in conservation: social science methods and practice, Routledge

Nilson, L. T., Brossard e Joly, D. (2002). Mapeamento de comunidades vegetais numa paisagem árctica local aplicando fotografias aéreas de infravermelhos digitalizadas num SIG. International Journal ofRemote Sensing, (20), 2, 1999.

O'loughlin, C. (2005). O papel protetor das árvores na conservação do solo. New Zealand Journal ofForestry, 49, 9-15.

Osborne, P.E., Foody, G.M., Suarez-Seoane, S. (2007). Abordagens não-estacionárias e locais para modelar as distribuições da vida selvagem. Diversity and Distributions 13, 313-323.

Osbornova, J., Kovarova, J. Leps e Prach, K. (eds.) (1990). Succession in abandoned fields. Kulwer Academic Publishers, Haia.

Parmesan, C. & Yohe, G. (2003). Uma impressão digital globalmente coerente dos impactes das alterações climáticas nos sistemas naturais. Nature, 421, 37-42.

Peduzzi, P. (2005). Landslides and vegetation cover in the North Pakistan earthquake: a GIS and statistical quantitative approach. Natural Hazards and Earth System Sciences, 10, 623-640.

Pei, S. J. (1992). Cultura de montanha e gestão dos recursos florestais dos Himalaias. In: D. W. Tewari, "Himalayan Ecosystem", Intel. Book Dist., Dehra Dun, Índia.

Petchey O. L. & Gaston K. J. (2002). Functional diversity (FD), species richness and community composition. - Ecological Letters, 5: 402-411.

Petchey O. L. & Gaston, K. J. (2006). Functional diversity: back to basics and looking forward. - Ecological Letters. 9: 741-758.

Peterson, A.T. (2007). Usos e requisitos dos modelos de nicho ecológico e modelos de distribuição relacionados. Biodiversity informatics, 3, 59-72.

Phillip, O. L. e Meilleur, B.A. (1998). Utilidade e potencial económico das plantas raras dos Estados Unidos: um levantamento estatístico. Botânica Económica 52: 5767.

Phillips, J.S. (2004). Actas da 21ª conferência internacional sobre aprendizagem automática, Banff, Canadá.

Phillips, S. J e Dudik, M. (2008). Modelação da distribuição de espécies com Maxent: novas extensões e uma avaliação exaustiva. Ecology 31, 161-175

Phillips, S. J. Dudik, M. e R.E Shapire, (2004). Maxent software for species distribution modelling. online: http://www.cs.princeton.edu/~schapire/maxent/ (acedido: 18/08/2010)

Phillips, S. J., Anderson, R. P., e Schapire, R. E. (2006). Modelação de máxima entropia das distribuições geográficas das espécies. Ecological Modelling 190, 231259

Phillips, S.J., Dud'ık, M., Schapire, R.E., (2004). Uma abordagem de máxima entropia à modelação da distribuição de espécies. In: Actas da 21ª Conferência Internacional sobre Aprendizagem Automática, ACM Press, Nova Iorque, pp. 655-662.

Piedallu, C., Gegout, J.-C., Bruand, A. & Seynave, I. (2011). Mapeamento da capacidade de retenção de água no solo em grandes áreas para prever a produção potencial de povoamentos florestais. Geoderma, 160, 355-366.

Pineda, E. & Lobo, J. M. (2009). Avaliação da exatidão dos modelos de distribuição de espécies para prever padrões de riqueza de espécies de anfíbios. Journal of Animal Ecology, 78, 182-190.

Ponti, L., Cossu, Q. A. & Gutierrez, A. P. (2009). Efeitos do aquecimento climático no sistema Olea europaea-Bactrocera oleae nas ilhas mediterrânicas: A Sardenha como exemplo. Global Change Biology, 15, 2874-2884.

Qasim, M., Hubacek, K., Termansen, M., e Khan, A. (2011). Dinâmica espacial e temporal do padrão de utilização dos solos no distrito de Swat, região dos Himalaias de Hindu Kush, no Paquistão. Geografia Aplicada 31, 820-828

Rahbeck, C. (1995). O gradiente de elevação da riqueza de espécies: um padrão uniforme? Ecography, 18, 200-205.

Rainforests, (2011). Rainforest.mongabay.com disponível Online: <http://rainforests.mongabay.com/deforestation/archive/Pakistan.htm>, (acedido em 17/08/2011).

Reid, W. V. (1997). Estratégias para a conservação da biodiversidade. Ambiente 39(7), 16 43.

Rosenzweig, M. L. (1995). Species diversity in space and time. Cambridge University Press, Cambridge, Reino Unido.

Rouget, M., Richardson, D. M., Lavorel, S., Vayreda, J., Gracia, C. & Milton, S. J. (2001). Determinantes da distribuição de seis espécies de Pinus na Catalunha, Espanha. Journal ofVegetation Science, 12, 491-502.

Rudel, T. K. (1993). Tropical deforestation: Small Farmers and Land Clearing in the Ecuadorian Amazon. Columbia University Press, Nova Iorque.

Rundell, P.W., Graham, E.A., Allen, M.F., Fisher, J.C., Harmon, T.C., (2009). Redes de sensores ambientais na investigação ecológica. New Phytologist 182, 589-607.

Runtunuwu, E., Kondoh, A., Harto, A. B. & Prayogo, T. (2000). Application of remote sensing and GIS for anthropogenic vegetation monitoring. Sistemas de Observação da Terra V, SPIE Proceedings 4135. Editado por William L. Barnes. Bellingham, WA:

Sociedade Internacional de Engenharia Ótica, 2000. p.395

Saqib, Z., Malik, R. N. & Husain, S. Z. (2006). Modelação da distribuição potencial de Taxus wallichiana em Palas Valley, Paquistão. Pakistan Journal of Botany, 38, 539-542.

Schlosser, W. e K., Blatner. (1995). A indústria de cogumelos comestíveis selvagens de Washington, Oregon e Idaho. Journal ofForestry. 93(3): 31-36.

Schlosser, W. e K Blatner. (1994) "Uma visão económica da indústria de produtos florestais especiais". Em Dancing with an Elephant, actas da conferência: O negócio e a ciência dos produtos florestais especiais. Schnepf, Chris (editor) 26-27 de janeiro, Hillsboro, Oregon. Western Forestry and Conservation Association, Portland, OR. 11-23.

Schroder, W. (2006). SIG, Geoestatística, Banco de Metadados e modelos baseados em árvores para análise de dados e mapeamento em monitorização ambiental e epidemiologia. International Journal ofMedical Microbiology 29, 23-36.

Schultes, R. E. (1976). Fly agaric mushrooms: Hallucinogenic Plants 24-37. Golden Press, Nova Iorque.

Scott, J. M., Tear, T. H. e Davis F. W. (1996). Gap analysis: Landscape approach to biodiversity planning. American Society for Photogrametry and Remote sensing, Bethesda, MD.

Scott, J.M., F.W. Davis, B. Csuti, R. Noss, B. Butterfield, C. Groves, H. Anderson, S. Caicco, F.D. D'Erchia, T.C. Edwards, J. Ulliman e R.G. Wright (1993). Gap analysis: a geographic approach to protection of biological diversity (Análise de lacunas: uma abordagem geográfica à proteção da diversidade biológica). Wildlife Monograph, 123, 1-41.

Sheikh, K., Ahmad, T. & Khan, M. A. (2001). Utilização, exploração e perspectivas de conservação: People and plant biodiversity of Naltar Valley, North-western Karakorum, Pakistan. Biodiversity and Conservation, 11, 715-742.

Sher, H. & Hussain, F. (2009). Avaliação etnobotânica de alguns recursos vegetais na parte norte do Paquistão. Jornal Africano de Biotecnologia, 8, 4066-4076.

Sher, H. (2002). Algumas plantas medicinais e económicas de Mahodand, Utror, Gabral Valley (Distrito, Swat), Gabur, Beghusht Valleys (Distrito Chitral). Relatório para o Pakistan Mountainous Area Conservancy Project (MACP). IUCN-NWFP, Chitral

Sher, H., Ajaz, M. & Sher, H. (2007). Sustainable utilization and economic development of some plant resources in Northern Pakistan (Utilização sustentável e desenvolvimento económico de alguns recursos vegetais no Norte do Paquistão). Ata Botanica Yunnanica, 29, 207-214.

Sher, H., Alyemeni, M. N. & Faridullah (2010a). Estudo do cultivo e domesticação de espécies de plantas medicinais de elevado valor (seu potencial económico e ligações com a comercialização). Jornal Africano de Investigação Agrícola, 5, 2462-2470.

Sher, H., Alyemeni, M. N., Wijaya, L. & Shah, A. J. (2010b) Plantas medicinais etnofarmacêuticas importantes e sua utilização no sistema tradicional de medicina, observação da parte norte do Paquistão. Journal of Medicinal Plants Research, 4, 1853-1864.

Sher, H., Midrarullah, Khan, A. U., Khan, Z. U., Hussain, F. & Ahmad, S. (2003). Plantas medicinais de Udigram, Distrito de Swat, Paquistão. Pakistan Journal of Forestry, 53, 65-74.

Shinwari ZK, Khan AS, Nakaike T. (2003). Plantas medicinais e outras plantas úteis do distrito de Swat. Pakistan: Al Aziz Communications, Peshawar, Paquistão, p. 187.

Shinwari, M. I. & Khan, M. A. (1998). Indigenous use of medicinal trees and shrubs of Marghalla Hills National Park, Islamabad. Pakistan Journal of Forestry, 48, 63-90.

Shinwari, M. I. & Khan, M. A. (2000). Folk use of medicinal herbs of Marghalla Hills National Park, Islamabad. Journal of Ethnopharmacology, 69, 45-56.

Shinwari, Z. K e S. S. Gilani (2003). Colheita sustentável de plantas medicinais em Bulshbar Nullah, Astore, Norte do Paquistão. Jornal de Etnofarmacologia 84, 289-298

Shinwari, Z. K. (2010). Investigação sobre plantas medicinais no Paquistão. Journal of Medicinal Plants Research, 4,161-176.

Shinwari, Z. K., Khan, A. S., Nakaike, T. (2003a). Medicinal and other useful plants ofDistrict Swat, Pakistan. Al Aziz Communications, Peshawar, Paquistão

Shinwari, Z. K., Khan, A. S., Nakaike, T. (2003b). Medicinal and other useful plants of District Swat, Pakistan (Plantas medicinais e outras plantas úteis do distrito de Swat, Paquistão). Al Aziz Communications, Peshawar, Paquistão ISBN: 969-8283-21-8.

Siddiqui, M. N. & Maajid, S. (2004a). Monitorização de alterações geomorfológicas para o planeamento de trabalhos de recuperação na zona costeira de Karachi, Paquistão. Avanços na investigação espacial, (33) 7, 1200-1205

Siddiqui, M. N., Z. Jamil e J Afasar. (2004b). Monitoring Changes in reverine forests of Sind-Pakistan using Remote Sensing and GIS techniques. Avanços na investigação espacial. 33, 333-337.

Soberon, J. & M. Nakamura. (2009). Nichos e áreas de distribuição: Concepts, methods and assumptions Proceedings of the National Academy of Sciences USA. 106 (2), 19644-19650.

Soberon, J., e A. T. Peterson. (2005). Interpretação de modelos de nichos ecológicos fundamentais e áreas de distribuição de espécies. Biodiversity Informatics, 2, 1-10.

Sodhi, N., Lee, T., Sekercioglu, C., Webb, E., Prawiradilaga, D., Lohman, D., Pierce, N., Diesmos, A., Rao, M. & Ehrlich, P. (2008). As populações locais valorizam os serviços ambientais prestados pelos parques florestais. Biodiversity and Conservation, 19, 1175-1188.

Song, M., Zhou, C. & Ouyang, H. (2004). Distribuições de espécies de árvores dominantes no Planalto do Tibete em cenários climáticos actuais e futuros. Mountain Research and Development, 24, 166-173.

Southward, A.J., Hawkins, S.J., Burrows, M.T., (1995). Seventy years' observations of changes in distribution and abundance of zooplankton and intertidal organisms in the western English Channel in relation to rising sea temperature. Journal ofThermal Biology, 20 (1-2), 127-155.

Stohlgren, T. J., K. A. Bull & Y. Otsuki. (1998). Comparação de técnicas de amostragem da vegetação de pastagens nas Pradarias Centrais. Journal of Range Management, 51 (2), 164-172.

Stoms, D.M. (1992). Efeitos da generalização de mapas de habitats na avaliação da biodiversidade. Photogrammeteric Engineering and Remote Sensing, 55, (11), 1587-1591.

Studer, S., Stockli, R., Appenzeller, C. & P.L. Vadil, (2007). A comparative study of satellite and ground-based phenology. Jornal Internacional de Biometeorologia, 51, 405-414.

Subhan, F. (2010). Conservation of MAPs of alpine and subalpine regions of Swat Valley, Pakistan (não publicado: Tese de Doutoramento) The University ofReading, UK.

Sultan-I-Roma, (1999). Merger of the Swat State with Pakistan causes and effects, MARC Occasional papers, (14 de abril de 1999), Universidade de Genebra.

Sultan-I-Rome, (2005). Silvicultura no estado principesco de Swat e Kalam (Noroeste do Paquistão): Uma perspetiva histórica sobre normas e práticas. In: Documento de Trabalho de Projeto Individual, Vol. 6. Swat. Paquistão.

Swift, M.J. e Anderson, J.M. (1994). Biodiversidade e função do ecossistema em sistemas agrícolas. Em biodiversidade e função do ecossistema eds. E.D. Schulz andH.A. Mooney), Springer-Verlag, Berlim, 15-42.

Swindel, B. F., Conde, L . F., Smith, J. E., (1984). Diversidade de espécies: Conceito, medição e resposta ao corte raso e preparação do local. Gestão Ecológica Florestal, 8(1), 11 - 22

Swindel, B. F., Smith, J. E. & Abt, R. C. (1991). Metodologia para prever a diversidade de espécies em florestas geridas. Forest Ecology and Management, 40, 75-85.

Thomas J. Stohlgren, M. W. K., A. Dennis McCrumb, Yuka Otsuki, Betsy Pfister, Cynthia A. Villa (2000). Utilizando a nova tecnologia de mapeamento de vídeo na ecologia da paisagem. Bioscience 50(6), 529-536.

Thomas, C. D., Cameron, A., Green, R. E., Bakkenes, M., Beaumont, L. J., Collingham, Y. C., Erasmus, B. F. N., De Siqueira, M. F., Grainger, A., Hannah, L., Hughes, L.,

Huntley, B., Van Jaarsveld, A. S., Midgley, G. F., Miles, L., Ortega-Huerta, M. A., Townsend Peterson, A., Phillips, O. L. & Williams, S. E. (2004). Extinction risk from climate change. Nature, 427, 145148.

Tobler, W. R. (1959). Automação e cartografia. Geographical Review 49, 526534.

Turner, M.G. (ed.) (1987). Landscape heterogeneity and disturbance. SpringerVerlag, Berlim.

Uniyal, P., Pokhriyal, P., Dasgupta, S., Bhatt, D., & Todaria, N. P. (2010). Diversidade de plantas em dois tipos de floresta ao longo do gradiente de perturbação em Dewalgarh Watershed, Garhwal Himalaya. Current, 98(7), 938-943.

Utting, P. (1993) Trees, People and Power: Social dimension of deforestation and forest protection in Central America. Earthscan Publication Ltd., Londres.

Wani, B. A., Zaidi, S. H., Mughal, M. S. & Shah, H. (2002). Levantamento de plantas medicinais e económicas da zona da bacia hidrográfica de Hilkot. Pakistan Journal of Forestry, 52, 19.

Warren, D., Glor L. R. E. e M. Turelli. (2008). Equivalência de nicho ambiental versus conservadorismo: abordagens quantitativas à evolução de nicho. Evolution, 62, 2868-2883.

Weltzin, J.F. & Coughenour, M.B. (1990). Influência das árvores da savana na vegetação rasteira e nos nutrientes do solo no noroeste do Quénia. Jornal de Ciência da Vegetação, 1,325-334

Williams, J. T., Ahmad Z. (1999). "Prioridades para a investigação e desenvolvimento de plantas medicinais no Paquistão". Gabinete Regional da Ásia do Sul, IDRC, Canadá, Programa de Plantas Medicinais e Aromáticas na Ásia, Nova Deli.

Wilson , E. O. (1988). Biodiversity. National Academy Press, Washington D.C.

Worldclim. 2011. Bioclimatic layers online (http://www.worldclim.org/current), acedido em: 03/03/2012.

Xu, Y., Zhou, M. & Tan, H. (2011) Application of GIS Spatial Analysis Method in Landscape Planning and Design -A Case Study of Integrated Land-Use Suitability Analysis of

Nanjing Zhongshan Scenic Area Advances in Computer Science and Education Applications. Springer Berlin Heidelberg.

Yang, X., Skidmore, A. K., Melick, D. R., Zhou, Z. & Xu, J. (2006). Mapeamento de produtos florestais não lenhosos (cogumelos matsutake) usando regressão logística e um sistema especialista GIS. Ecological Modelling, 198, 208-218.

Zaidi, M. A. & Crow, S. A., Jr. (2003). Plantas medicinais biologicamente activas do Paquistão. Resumos da Reunião Geral da Sociedade Americana de Microbiologia, 103, A-088.

Zhao, C. Y., Nan, Z. R., Cheng, G. D., Zhang, J. H. & Feng, Z. D. (2006). Modelação assistida por SIG da distribuição espacial do abeto de Qinghai (Picea crassifolia) nas montanhas de Qilian, no noroeste da China, com base em parâmetros biofísicos. Ecological Modelling, 191, 487-500.

I want morebooks!

Buy your books fast and straightforward online - at one of world's fastest growing online book stores! Environmentally sound due to Print-on-Demand technologies.

Buy your books online at
www.morebooks.shop

Compre os seus livros mais rápido e diretamente na internet, em uma das livrarias on-line com o maior crescimento no mundo! Produção que protege o meio ambiente através das tecnologias de impressão sob demanda.

Compre os seus livros on-line em
www.morebooks.shop

Printed by Books on Demand GmbH, Norderstedt / Germany